用于国家职业技能鉴定
国家职业资格培训教程
GUOJIA ZHIYE ZIGE PEIXUN JIAOCHENG
YONGYU GUOJIA ZHIYE JINENG JIANDING

中式面点师

（基础知识）

第2版

编审委员会

主　任　刘　康
副主任　张亚男
委　员　王　美　　张　淼　　杨小平　　仲玉梅　　修　宇
　　　　许荣华　　孟祥萍　　李文东　　彭兴权　　陈　蕾
　　　　张　伟

编写人员

主　编　王　美
副主编　许荣华

中国劳动社会保障出版社

图书在版编目(CIP)数据

中式面点师:基础知识/中国就业培训技术指导中心组织编写. —2版. —北京:中国劳动社会保障出版社,2012

国家职业资格培训教程

ISBN 978-7-5045-9737-3

Ⅰ.①中… Ⅱ.①中… Ⅲ.①面食-制作-中国-技术培训-教材 Ⅳ.①TS972.116

中国版本图书馆 CIP 数据核字(2012)第 102982 号

中国劳动社会保障出版社出版发行

(北京市惠新东街 1 号 邮政编码:100029)

出 版 人:张梦欣

＊

中国标准出版社秦皇岛印刷厂印刷装订　新华书店经销
787 毫米×1092 毫米　16 开本　9.5 印张　164 千字
2012 年 5 月第 2 版　2021 年 3 月第 17 次印刷
定价:19.00 元

读者服务部电话:(010) 64929211/84209101/64921644
营销中心电话:(010) 64962347
出版社网址:http://www.class.com.cn

版权专有　　侵权必究

如有印装差错,请与本社联系调换:(010) 81211666
我社将与版权执法机关配合,大力打击盗印、销售和使用盗版
图书活动,敬请广大读者协助举报,经查实将给予举报者奖励。
举报电话:(010) 64954652

前　言

为推动中式面点师职业培训和职业技能鉴定工作的开展，在中式面点师从业人员中推行国家职业资格证书制度，中国就业培训技术指导中心在完成《国家职业技能标准·中式面点师》（2010年修订）（以下简称《标准》）制定工作的基础上，组织参加《标准》编写和审定的专家及其他有关专家，编写了中式面点师国家职业资格培训系列教程（第2版）。

中式面点师国家职业资格培训系列教程（第2版）紧贴《标准》要求，内容上体现"以职业活动为导向、以职业能力为核心"的指导思想，突出职业资格培训特色；结构上针对中式面点师职业活动领域，按照职业功能模块分级别编写。

中式面点师国家职业资格培训系列教程（第2版）共包括《中式面点师（基础知识）》《中式面点师（初级）》《中式面点师（中级）》《中式面点师（高级）》《中式面点师（技师 高级技师）》5本。《中式面点师（基础知识）》内容涵盖《标准》的"基本要求"，是各级别中式面点师均需掌握的基础知识；其他各级别教程的章对应于《标准》的"职业功能"，节对应于《标准》的"工作内容"，节中阐述的内容对应于《标准》的"技能要求"和"相关知识"。

本书是中式面点师国家职业资格培训系列教程（第2版）中的一本，适用于对各级别中式面点师的职业资格培训，是国家职业技能鉴定推荐辅导用书，也是各级别中式面点师职业技能鉴定国家题库命题的直接依据。

中国就业培训技术指导中心

目 录

CONTENTS 国家职业资格培训教程

第1章 职业道德 ……………………………………………… (1)
　第1节 道德与职业道德概述 …………………………………… (1)
　第2节 餐饮业从业人员的职业道德与职业守则 …………………… (7)

第2章 饮食营养知识 ……………………………………… (14)
　第1节 人体需要的热能与营养素 ………………………………… (14)
　第2节 各类烹饪原料的营养 …………………………………… (43)
　第3节 营养平衡和科学膳食 …………………………………… (53)
　第4节 中国居民膳食指南的应用 ………………………………… (57)

第3章 饮食安全知识 ……………………………………… (64)
　第1节 食品污染 ……………………………………………… (64)
　第2节 食品腐败变质及其控制 …………………………………… (69)
　第3节 食物中毒及其预防 ……………………………………… (72)
　第4节 烹饪原料的卫生与安全 …………………………………… (82)
　第5节 烹饪工艺的卫生与安全 …………………………………… (91)
　第6节 食品卫生要求 …………………………………………… (94)

第4章 饮食成本核算知识 ………………………………… (104)
　第1节 饮食业的成本概念 ……………………………………… (104)
　第2节 出材率的基本知识 ……………………………………… (106)

第 3 节　净料成本的计算 …………………………………… (109)

第 4 节　成品成本计算 ……………………………………… (112)

第 5 章　安全生产知识 …………………………………… (115)

第 1 节　厨师生产安全习惯养成 …………………………… (115)

第 2 节　安全用电知识 ……………………………………… (118)

第 3 节　厨房防火与防爆安全知识 ………………………… (120)

第 4 节　厨房设备的安全使用知识 ………………………… (122)

第 6 章　相关法律与法规知识 …………………………… (132)

第 1 节　《中华人民共和国劳动法》相关知识 …………… (132)

第 2 节　《中华人民共和国食品安全法》相关知识 ……… (140)

参考文献 ……………………………………………………… (146)

第1章 职业道德

第1节 道德与职业道德概述

一、道德与道德规范

1. 道德内涵

通常讲，道德是指人们在一定的社会里，用以衡量、评价一个人思想、品质和言行的标准。其确切含义是：人类社会生活中依据舆论、传统习惯和内心信念，以善恶评价为标准的意识、规范、行为和活动的总和。

道德的定义说明：道德是以善恶为标准，调节人与人之间和个人与社会之间关系的行为规范，它总是扬善抑恶的。从上述定义中还可以看出，人的道德品质是依据社会舆论、传统文化和生活习惯来判断的，它不是由专门机构用来执行的一种规范，而主要是依靠人们内心的信念自觉来维持的。

人们之所以重视道德，是因为"人"具有社会性，离开社会个人就无法生存。人一出生便生活在家庭和社会里。"在家靠父母，出门靠朋友"这句话便说明，人与人之间的关系。在家处理好与父母、兄弟姐妹及夫妻的关系，在学校要处理好与老师、同学的关系，工作中要处理好与师傅、客户、工友间的关系，在社会上要处理好朋友、亲戚、同事间的关系。在处理好这些关系的同时，除道德规范外，还有法律、政策和规章制度等规范。前者靠人们加强道德修养、自觉的内心信念来维持，后者则凭借的是强力执行和强力规范。但无论是法律、政策还是规章制度，都不可能包括所有社会生活中的消极现象。有些大家公认不道德的言行，或有悖于传统习惯和公众舆论的事，不可能全部用法律、政策、规章制度来解决。比如烹饪从业人员工作前或便后不洗手就很难用法律和规章制度去处罚，只能依靠工作人员自觉的内心信念，也就是道德力量来解决。由此可见，法律、政策、制度的作用范围是有限的，而道德力量却能约束不能用法律约束的事情。从这个意义上说，道德的作用十分宽泛，它几乎无时不在、无处不在，并长期、永远地起作用。

2. 道德规范

人类社会要和谐有序地发展，就需要一定的规矩、规则和标准。人类社会在长期发展中逐渐形成了两大规范，即道德规范和法律规范。

道德是人们思想行为原则的规范，即做人的准则。那么道德是怎样调节和协调人们之间的关系呢？它的核心是利益。主要表现在获取个人利益的时候，是否考虑他人、单位和社会的利益，有了这个标准，就可以衡量或评价一个人做一件事是否符合道德原则。每时、每刻、每件事都首先维护他人、集体和社会利益，不苛求个人利益，甚至可以牺牲个人利益，不仅是道德行为，而且是一种高尚的道德行为。如果做不到这一点，至少也要做到不侵犯他人、集体和社会的利益。这是对公民最基本的道德要求。道德通过有形和无形的压力规范着每一个人的品行。

人类活动具有社会性，它的活动可划分为三类，即社会生活、家庭生活和职业生活，因此也对应产生社会公德、家庭伦理道德和职业道德。这三种道德不可分割，构成社会的全部道德内容。当然，不同的社会存在着不同的道德标准，不同的道德标准为不同的社会经济基础服务。道德既然是以善恶为评价标准，因此不同社会也就存在不同的善恶观，反映着不同的阶级利益。在社会主义社会里，道德建设的基本要求是：爱祖国、爱人民、爱劳动、爱科学、爱社会主义，等等。

社会主义较其之前的各个社会形态有不同的特点，它开创了人与人之间一种新型的社会关系。因此，社会主义道德建设应遵循为人民服务这一基本原则来进行。在社会主义道德建设过程中，不能忽视中华民族数千年留下的丰富、宝贵的道德遗产。道德在历史发展过程中，具有共同性和历史继承性。在每一个历史时期，人与人之间的道德关系，不仅是当时历史条件下形成的特定关系，而且也包含着每个时代共同存在的一般关系。例如，社会公德中谴责和制止偷盗、抢劫，家庭伦理道德中要求孝敬父母、兄弟和睦、夫妻恩爱，职业道德中要求的公平交易、货真价实、文明礼貌服务等，是任何一种社会形态都要求人们必须遵守的道德准则。随着时代的发展和社会的进步，这些道德准则在继承的基础上有了进一步的发展和完善，并得以充实和提高。在社会主义道德建设过程中，尤其要继承先辈留下的优良道德传统，并根据社会进步的需要补充新的内容，从而促进社会健康、和谐发展。

道德不是虚的，而是实实在在地伴随着人的一生，并贯穿于每个人的言行之中。在人与社会或他人发生关系的过程中，时刻都在检验着每个人的道德水准，检验着每个人是否履行了应尽的道德责任和道德义务，检验着每个人对社会、对他人、对工作、对集体、对家庭、对金钱和物质利益的态度。同时，每一个人也是道德法庭的审判者。例如，人们在评价别人所做的某一件事，对报刊上发表的某一社会新闻发表看法时，就常常说"真不容易""真不简单""太棒了"，或者说"差点意思""不地道""太缺德"等，这就是人们用自己心目中的是与非、美与丑、善与恶、高尚与卑下、光荣与耻辱的标准作出的判断。

许多人对某人某事的评论，就是社会舆论。社会舆论判断善恶的依据是传统文化习惯形成的善恶观，也包含着社会进步之后形成的新的善恶观念。例如，职业道德中不讲道德的欺诈行为、家庭伦理道德中不孝敬父母的行为在中国数千年的传统文化和传统生活习惯中都被认为是不道德的。又比如在发展社会主义市场经济过程中产生的竞争现象，现在则认为竞争、兼并是发展市场经济的必然现象，是实现资产优化组合、促进社会进步的道德行为。

二、职业道德建设

职业道德不仅对个人的生存和发展起着重要的作用，而且与企业的兴旺发达，甚至生死存亡也密切相关。

1. 职业道德的内涵与特征

所谓职业道德，是指从事一定职业劳动的人们，在特定的工作和劳动中以内心信念和特殊社会手段来维系的，以善恶进行评价的心理意识、行为原则和行为规范的总和，它是人们在从事职业过程中形成的一种内在的、非强制性的约束机制。职业道德是人们在特定的职业活动中所应遵循的行为规范的总和。职业道德是整个社会道德体系中的重要组成部分，它是社会分工发展到一定阶段的产物。在社会主义时期，它是社会主义道德原则在职业生活和职业关系中的具体体现。

职业道德有范围上的有限性、内容上的稳定性和连续性、形式上的多样性三个方面的特征。范围上的有限性是因为任何职业道德的选用范围都不是普遍的，而是特定的、有限的。一方面，它主要适用于走上工作岗位的成年人；另一方面，尽管职业道德有一些共同性的要求，但某一特定行业的职业道德也只适用于专门从事本职业的人。内容上的稳定性和连续性是源于职业分工有着相对的稳定性，与其相适应的职业道德也就有较强的稳定性和连续性。形式上的多样性是因为职业道德的形式因行业而异，一般来说有多少种行业，就有多少种与本行业相适应的符合本行业职业特征的职业道德。

2. 职业道德建设的必要性

随着社会的发展，社会分工越来越细，各种职业分工日益繁多，人与人的职业关系也越来越密切。随着社会分工不断细化，社会上分化出众多的社会职业，同时也产生了不同行业的职业道德。不同的职业道德规范，体现了本行业的特殊的调节人们利益关系的要求。各行各业的职业活动都有自己的客观规律，为维持本行业的生存与发展，就必须有适应本行业需要的职业道德规范。如教师的"为人师表"，医生的"救死扶伤"，公务员的"公正廉洁"，商业从业人员的"货真价实，公平交易"等都是不同行业职业道德的具体要求。职业道德不仅调节着本行业与其他社会各种行业及顾客之间的关系，也调节着行业内部人员之间的相互关系。在社会主义社会，每一行业都是为人民服务的行业，因此都要共同遵循为人民服务的宗旨，要体现"八荣八耻"的新时期社会主义道德的基本要求，发扬国家利益、人民利益、集体利益和个人利益相结合的社会主义集体主义精神，同时要掌握发展各自行业技术的本领，有忠于职守、爱岗敬业的献身精神。

在社会主义道德建设中，特别要强调职业道德的建设，这是因为：

第一，职业道德覆盖面广，影响力大，对人的道德素质起关键性作用。

职业道德在范围上覆盖所有从事职业活动的人们。任何人到了一定的年龄都要工作，而工作的行业又覆盖全社会，这就决定了职业道德的广泛性、多样性、实践性、具体性的特点。因此，职业道德的教育和建设是整个社会的系统工程。

一个人从出生起，经历了家庭、学校、社会等各种途径的道德教育，对道德的概念已经具备了一定的认识和了解，逐步形成了道德情感、情操和信念，也初步形成了自己的人格特征。人的一生中绝大部分时间在从事职业活动，而道德品质主要是在从事职业之后，在职业活动的实践中成熟和发展的。因此，接受职业道德教育应该是一种"终身教育"，在这个过程中，不仅要继承世代相传的优良职业传统，而且随着时代发展又要不断地充实新的内容，最终形成稳定的职业心理、职业习惯。

第二，职业道德与社会生活关系最密切，关系到社会稳定和人际关系的和谐，对社会精神文明建设有极大的促进作用。

凡是生活在社会中的人，不可能不与社会和他人接触，其中最频繁的就是必须与社会上的各种职业活动打交道。人与职业活动的接触渠道很多，衣食住行无一不与有关的职业接触。走出家门，就会看到保洁人员打扫的街道是否清洁卫生，坐公交车时会接受司售人员的服务，购物也会碰到商品质量、购物环境、销售服务等。这些都涉及各行各业的职业道德是否良好的问题。

职业道德具有传递感染性。某一种职业活动或职业道德可以通过各种途径传递到另一个职业或许许多多职业中去，引起多种多样的连锁反应，会给整个社会带来影响。例如坐公交车遇到司售人员的恶劣服务，被服务的人会很不愉快。在自己的职业活动中，就可能把坐公交车时受的"气"设法渲泄出去。如果是服务员，就可能把"气"撒到顾客身上；如果是医务人员，又可能把"气"撒到病人身上。如此恶性循环，会影响到整个社会风气。因此要加强社会公共服务行业的职业道德建设，反对和纠正带有行业特点的不正之风，就要树立人人都是服务对象、人人都为他人服务的思想，努力提高服务质量，改善服务态度。提高服务质量的核心是加强职业道德建设，只有具备良好的职业道德才可能有持久的、良好的服务质量。因此，搞好职业道德建设，对促进社会主义精神文明建设具有无法替代的积极作用。

第三，加强社会主义职业道德建设，可以促进社会主义市场经济正常发展。

发展社会主义市场经济的目的在于最大限度地满足人民日益增长的物质和文化生活的需要。通过改革开放的实践，社会主义市场经济发展了，虽然还有很多不尽人意的地方，但大家都承认生活水平提高了，市场货源充足了，人们需要什么商品从市场上就能买到。出现这种巨变的重要原因之一，就是引进了市场竞争机制，打破了"大锅饭"的经济模式。市场经济迫使人们必须注意提高产品质量，讲究信誉，因而有力地促进了"质量第一，信誉至上"的职业道德观念的形成。在改革"大锅饭"体制和发展市场经济过程中，经济责任制和按劳分配的付诸实施，有力地促进了从业人员学习技术、爱岗敬业的积极性，同时培养了从业人员的工作责任心，强化了职业道德对生产和经营的促进作用。市场竞争机制，要求有高质量的产品和优良的服务，并接受市场检验。只有那些具有高质量服务的企业，才能脱颖而出，成为有效益的企业。而高质量的服务源于高素质的职工队伍，源于这个队伍良好的技术业务素质和良好的职业道德。职业道德的核心是为人民服务，具体到一个行业，就是要创造出顾客信得过的产品和满意的服务。这种高质量只能体现在职工努力做好各自的岗位工作，又发挥出团结协作的团队精神上面。这些正是职业道德要求做到的内容。

第四，良好的职业道德可以创造良好的经济效益，有力地保障个人的合法利益。

道德的基础是利益。职业道德在调节人们利益过程中，并不排斥个人合法利益的获取。中国传统道德中也不排斥个人合法利益。"君子爱财，取之有道"这句古训说的就是这个道理。所谓"取之有道"就是首先要付出,才能有回报。过去和现在都是一样,个人利益的获取要建立在首先为他人和社会服务的基础之上。目前流行"顾客是企业的衣食父母"的说法就是这个道理。如果一个企业在经营指导思想上不是首先想着为顾客服务,而是缺乏良好的职业道德,投机取巧,坑害顾客,可以肯定这样的企业在公众心目中不会有良好的形象,顾客躲之不及,自然不可能长久地创造效益。从这个意义上讲,良好的职业道德当然可以产生良好的经济效益。

社会主义市场经济呼唤职业道德,职业道德也需要市场经济的平台,两者的目标完全一致。发展市场经济为的是达到国强民富的目标,加强职业道德建设是为了促进市场经济的发展。从根本上说,加强职业道德建设是发展市场经济的内在客观要求。职业道德建设搞不好,市场经济的发展就会受到影响。

3. 职业道德建设的主要途径

现实告诉人们,要使社会主义市场经济健康有序地发展,加快社会主义现代化建设的步伐,就必须加强职业道德的建设,探索在社会主义市场经济条件下加强职业道德建设的新途径、新方法。

(1) 职业道德建设的关键是企业领导干部的职业道德建设。目前有些行业中一些领导人不同程度地存在着腐败现象和不正之风,这极大地影响了经济发展和社会稳定。在这种情况下,领导干部应以身作则,搞好自身职业道德建设,廉洁自律,在"职""权"这两个影响职业道德建设的关键问题上管住自己,自觉抵制不正之风,特别是行业不正之风,这对于职业道德建设有着十分重要的实际意义。

(2) 职业道德建设是一项总体工程,需要全社会各行各业共同抓好职业道德建设,形成良性循环。在我们的社会里,人人都是服务对象,与此同时每一个人都要向他人提供服务,因此在职业道德建设中必须坚持以为人民服务为核心,以集体主义为原则,提高自身职业道德水准。

(3) 职业道德建设应与个人利益挂钩。在社会主义初级阶段,劳动还不是第一需要,因此在社会主义市场经济条件下,要根据职工对社会经济利益和社会效益的贡献大小,在利益分配上适当拉开差距,这样才能充分发挥个人的积极性、主动性和创造性。把物质激励和精神激励结合起来,激发人们的劳动热情,使人们在职业实践中逐步形成忠于职守、尽职尽责、热爱集体、忘我劳动的职业品质。

(4) 把职业道德建设同建立和完善职业道德监督机制结合起来,并结合相应的奖罚、教育措施。通过道德评价、奖善斥恶、扬善抑恶等使职业道德建设持续健康发展。

第2节 餐饮业从业人员的职业道德与职业守则

一、职业道德建设对企业发展的影响

职工具有良好的职业道德，不仅有利于协调职工之间、职工与领导之间、职工与企业之间的关系，增强企业的凝聚力，而且有利于企业的科技创新、降低成本、提高产品和服务质量，从而树立良好的企业形象，提高企业的市场竞争能力。

1. 职业道德是企业文化的重要组成部分

企业文化是一个新的概念，作为企业管理的一个要素，伴随着企业的产生而产生。企业文化是一个企业的经营之道、企业精神、企业价值观、企业目标、企业作风、企业礼俗、员工科学文化素质、职业道德、企业环境、企业规章制度以及企业形象等的总和，是在一定环境中，全体职工在长期的劳动和生活过程中创造出来的物质成果和精神成果的表现。

作为企业文化内容之一的企业职业道德就是适应各种职业的要求而必然产生的道德规范，是人们在履行本职工作中所应遵守的行为规范和准则的总和。它包括职业观念、职业情感、职业理想、职业态度、职业技能、职业纪律、职业良心、职业作风等方面的内容，和其他文化内容共同具有自律、导向、整合、激励等功能。

2. 职业道德是增强企业凝聚力的手段

企业是具有社会性的组织，其内部存在着各种错综复杂的关系，这些关系既有相互协调的一面，又有相互矛盾的一面。增加理解，化解冲突，企业的凝聚力才能加强。而企业职业道德是协调各种关系的法宝。要保持企业内部的和谐和默契，企业员工必须要有较高的职业道德，凡事要从企业大局出发，认真履行自己的工作职责，严于律己，宽以待人。

在企业中，职工和领导的关系在一定意义上是互偿互助互利的关系，职工对领导的工作要支持，领导对职工的工作和生活要关心。双方相处和谐、融洽、默契，彼此都会感到心情愉快，因而能提高对各自工作的满意度。

企业中职工与企业的关系是企业各种关系中最重要的一种关系，它是其他各种关系的基础，不仅制约着其他各种关系，而且决定着企业的生存和发展，关系着职工的前途和命运。在企业与职工的关系中，企业居主导支配的地位，处理好这种关系，责任在企业，即企业在经营管理上要以职工为本。仅此一方面是不够的，要协调好职工与企业的关系，还要求职工必须具有较高的职业道德水平，即高度的企业主人翁责任感，正确处理好个人与企业整体利益的关系，维护企业形象，关心企业的前途和命运。

3. 职业道德可提高企业的竞争力

所谓竞争是指在市场经济条件下，各经济行为主体为了各自的利益以获得生存和发展的需要而进行的相互追赶、争夺有利条件的优胜劣汰的运动过程。

产品和服务质量是企业的命脉，任何企业若不能保证产品和服务质量，便可能走向破产或倒闭。企业要提高产品质量和向其顾客提供优质服务，必须加强企业职业道德教育，以获取产品和服务质量的提高，为赢得竞争打下基础。

企业如果能有效地降低成本，就可以提高企业的利润率，从而提高产品在市场上的竞争力，保证企业的发展和繁荣。企业员工的职业道德修养水平是实现此项目标的保证。

在市场竞争愈加激烈的情况下，新技术、新产品的开发同样关系着企业的生死存亡。谁能领先市场，在竞争中获胜，谁就能获得高额利润。企业能否开发新技术、新产品，关键看企业员工是否具有创新意识、创新能力和创新动力，企业是否具有创新氛围和一支稳定的富有创新素质的职工队伍。而员工具有良好的职业道德，有利于员工提高创新能力，有利于企业的技术进步。

企业员工良好的职业道德有利于企业摆脱困境，实现企业阶段性发展目标。任何一家企业在发展过程中都不可能是一帆风顺的，遇到困难和挫折时，若企业员工具有崇高的职业道德，就能以企业的前途和命运为重，从大局出发，牺牲个人利益，与企业同心同德、同舟共济、奋力拼搏，企业就有可能摆脱困难，起死回生。

随着新技术革命和知识经济时代的到来，社会生产力突飞猛进，物质财富急剧增加，买方市场占据主导地位，人们的物质和文化生活要求基本得到了满足。在这种情况下，人们的消费更加注重品牌，具有良好社会信誉的企业生产的商品已成为人们的首要选择。职业道德的教育有利于企业树立良好的社会形象，创造出著名的企业品牌。

二、餐饮业职业道德职业守则

1. 忠于职守，爱岗敬业

(1) 含义

忠于职守，就是要求把自己职责范围内的事做好，符合质量标准和规范要求，能够完成应承担的任务。

尽职尽责的关键是"尽"。尽就是要求用最大的努力，克服困难去履行职责。与尽职尽责和忠于职守相反的，就是玩忽职守，这种作风即不把工作当回事，不把责任放在心上，工作马马虎虎，凑合应付，心不专注；或者干脆消极怠工，偷懒耍滑，不遵守纪律。显然这些人不热爱自己的工作岗位，缺乏对国家、人民、集体、他人的负责精神，必然会造成对工作的损失和对他人的损害。

爱岗就是热爱自己的工作岗位，热爱本职工作；敬业就是用一种恭敬严肃的态度对待自己的工作。社会主义职业道德提倡的敬业有着相当丰富的内容。投身于社会主义事业，把有限的生命投入到无限的为人民服务当中去，是爱岗敬业的最高要求。

爱岗敬业，忠于职守绝不是口号，而是有着实在内容的行为规范，如发扬艰苦奋斗和勤俭节约的精神，就体现了主人翁的劳动态度。有人认为自己不过是打工仔，财产也不属于自己所有，就大手大脚浪费原材料，随便扔掉边角余料，甚至火不旺时就往火上浇炒菜用油，造成严重的浪费。这不仅直接损害了国家、集体的利益，而且由于浪费加大了成本，也给消费者带来损害。

(2) 具体要求

任何一种道德都要求从一定的社会责任出发，在履行自己对社会的责任的过程中，培养相应的社会责任感，同时培养良好的职业习惯和道德良心、情操，通过长期的实践使自己逐步达到高尚的道德境界。因此，职业道德要从忠于职守、爱岗敬业开始，把自己的心血全部用到自己从事的职业中去，把自己的职业当做生命的一部分。"干一行爱一行"，这是职业道德最起码的要求。在社会主义制度下，厨师职业享受着与其他职业平等的待遇，社会地位越来越高，不少有成就的烹饪工作者，获得了"国宝"级专家的荣誉。

忠于职守，爱岗敬业的具体要求就是：树立职业理想，强化职业责任，提高职业技能。

1) 职业理想就是人们对未来工作部门和工作种类的向往和对现行职业发展将达到什么水平、程度的憧憬。理想层次越高，越能发挥自己的主观能动性，作为餐饮企业员工，要自觉树立起职业理想，不断激发自己的积极性和创造性，实现自我价值。

2) 强化职业责任是指人们在一定职业活动中所承受的特定责任，包括人们应该做的工作以及应该承担的义务。职业责任是企业员工安身立命的根本，因此企业及从业者本人都应该强化职业责任，树立职业责任意识。

3）职业技能也称职业能力，是人们进行职业活动、履行职业责任的能力和手段，包括从业人员的实际操作能力、业务处理能力、技术技能以及与职业有关的理论知识等。努力提高自己的职业技能是爱岗敬业的必然体现，即没有相应的职业技能，就不可能履行自己的职业责任，实现自己的职业理想。

在人民生活水平日益提高的今天，餐饮是社会职业中不可缺少的行业，在改善人民生活质量方面发挥着不可替代的作用。餐饮从业人员发扬忠于职守、爱岗敬业的崇高精神，就能为人民增添欢乐，为社会主义增光添彩。

2. 讲究质量，注重信誉

（1）含义

质量即产品标准，讲究质量就是要求企业员工在生产加工企业产品的过程中必须做到一丝不苟、精雕细琢、精益求精，避免一切可以避免的问题。

信誉即对产品的信任程度和社会影响程度（声誉）。一种商品品牌不仅标志着这种商品质量的高低，也标志着人们对这种商品信任程度的高低，而且蕴涵着一种文化品位。注重信誉可以理解为以品牌创声誉，以质量求信誉；竭尽全力打造品牌，赢得信誉。

（2）具体要求

职业不仅是一个人安身立业的基础，也是为国家、集体、他人谋利益、做贡献的基本途径。因此，一个人能否精通本职业的业务，既是做好本职工作的关键，也是衡量一个人为国家、集体和他人做多大贡献的一个重要尺度，这理所当然地也成为餐饮从业人员职业道德的一项重要内容。

餐饮从业人员烹制的菜点，其质量的好坏决定着企业的效益和信誉。

餐饮业烹制菜点的目的是为了卖给顾客，因此菜点就具有商品的特点，和其他商品一样，具有使用价值和价值的二重性。作为商品的生产企业，生产者和经营者有着自己的独立利益，只有这种利益得到尊重，才能调动商品生产者的积极性。然而要求人们尊重商品生产和经营者的利益，并非是指商品经营者想怎么干就怎么干，而是其必须接受国家宏观调控，要依法经营。越是有独立的利益，就越要正确处理好国家、企业、职工、他人（消费者）的利益关系。这种利益调整是通过买与卖的交易过程实现的。也就是说，具有商品属性的菜点，只有能够卖得出去，才是商品，才能实现价值。因此，货真价实就成为职业道德重要的组成部分。以次充好、粗制滥造、定价不合理等，实际上就是无偿占有别人的劳动成果，是不道德的行为。

一分质量一分价钱，这是自古以来商业工作者的职业道德。然而在这方面有些餐馆做得不是很好。菜点不符合质量要求，问题较多，偷工减料、以次充好时有发生，这是严重的欺骗行为，也是不遵守行业职业道德的表现。

讲究质量并不是在任何情况下都要求必须是绝对高的质量。在商品经济条件下，衡量质量标准的尺度是价格，比如花很少的钱要求吃鱼翅席或特色菜品，是不可能的，因为它不符合等价交换原则。但是有一点是肯定的，就是按照餐馆菜点价目表上规定的价格付款，就必须得到相应质量的菜点。违背这一原则，就是违反了职业道德，而违反了职业道德，企业的信誉就肯定会受到影响。因此，道德调整人们利益关系的意义就在于，只有确实为顾客着想和服务，才有自己的利益。损害了顾客利益，也就丧失了自己的利益。

3. 遵纪守法，讲究公德

(1) 含义

遵纪守法是指每个从业人员都要遵守纪律和法律，尤其要遵守职业纪律和与职业活动相关的法律法规。公德即公共道德，从广义上讲就是做人的行为准则和规范。

(2) 具体要求

遵纪守法包括学法、知法、守法、用法，遵守企业纪律和规范。为了规范竞争行为，加强法制的力度和维护消费者利益，国家出台了一系列法律、法规、政策。法律、法规、政策是调节人们利益关系的重要手段，有力地促进了市场经济的健康发展。任何社会组织都需要制定有约束力的规章制度，规定所属人员必须共同遵守和执行的内容，这就是纪律。纪律和法律、法规、政策一样，是按照事物发展规律制定出来的一种约束人们行为的规范。能自觉遵守纪律，就能把事情办好，违反纪律就会使工作不能正常运转，因此必须遵纪守法。凡是违法、违规和不守纪律的行为，都是不道德的行为。凡违法行为，都要依法受到法律规定的处罚。

纪律一般用规章制度的形式公布于众。例如遵守劳动纪律、服务纪律、操作规范、操作程序，履行本岗位职责，执行企业要求做到的各项规定等。

法律则是人民代表大会通过并颁布的命令，要求全体公民必须遵守。目前已颁布的与饮食业有关的法律，主要有《中华人民共和国合同法》《中华人民共和国产品质量法》《中华人民共和国计量法》《中华人民共和国食品安全法》《中华人民共和国消费者权益保护法》《中华人民共和国野生动物保护法》《中华人民共和国环境保护法》等，这些法律和规定，反映了人民的意愿，体现了国家的意志。

遵纪守法是对每一个公民的基本要求，能否遵纪守法，是衡量职业道德好坏的重要标志。上述与饮食业有关的法律和规定，都要求每一名员工在岗位工作中身体力行。

讲究公德是餐饮从业人员必须具备的品质,"德"即思想品德,"公"指国家、民族和大多数人民群众的利益。讲究公德要求从业人员做到公私分明,不损害国家和集体利益。要求有大公无私的品格、秉公办事的精神,绝不能将工作岗位当成牟取私利的工具。

4. 尊师爱徒,团结协作

(1) 含义

尊师爱徒是指人与人之间的一种平和关系,晚辈、徒弟要谦逊,尊敬长者和师傅;师傅要指导、关爱晚辈、徒弟,即社会主义人与人平等友爱、相互尊敬的社会关系。

团结协作也是从业人员之间、企业与企业之间关系的重要道德规范,包括顾全大局、友爱亲善。搞好部门之间、同事之间的团结协作,才能共同发展。

(2) 具体要求

具体要求包括互相尊重、顾全大局、相互学习、加强协作等几个方面。

中国烹饪文化源远流长,世代相传,在世界上享有崇高美誉。这是历代烹饪厨师辛勤劳作和创造性劳动的结果。一代一代的厨师,通过师徒传艺的形式,使很多烹饪方法、技艺得以继承和发展。随着时代的进步,传艺的手段有了多样性的变化,但不管形式如何变化,老师傅仍然发挥着至关重要的作用。因此尊师爱徒是厨师行业的传统职业道德,必须继承和发扬。

老一代厨师是国家和社会的宝贵财富。一般来说,他们既具有爱党、爱国、爱社会主义的高尚品德,又有高超手艺和绝活,在长期实践中积累了丰富经验,为烹饪事业的发展做出了很大贡献,理应受到尊重和爱戴。青年厨师都具有一定的学历,有较强的接受能力,是中国烹饪未来的希望。在知识经济年代,知识更新速度越来越快,新的烹饪原料、工艺不断涌现。为使中国烹饪走出国门,迈向世界,中国烹饪中的一些薄弱环节,如食品营养学的研究亟需改善和加强。因此,在尊师爱徒的前提下,团结合作、互相学习和补充是时代的要求。

团结协作还表现在工作中的相互支持与配合,厨房内部有不同的分工,上一道工序要为下一道工序提供方便。只有相互配合和协作,才能完成任务。如果每一个人只图自己省事,只顾自己方便,就很难合作,质量就无法保证。相互为对方着想,相互配合,还包括互敬互学、共同提高的内容。现代企业中,质量的要求不是一个岗位做好了就能达到规范标准,只有每一个岗位都按标准执行,才能保证质量。

因此，团结协作是一种团队精神，是社会主义集体主义的具体表现，是职业道德的重要内容。

5. 积极进取，开拓创新

（1）含义

积极进取即不懈不怠，追求发展，争取进步。开拓创新是指人们为了发展的需要，运用已知的信息，不断突破常规，发现或创造某种新颖、独特的有社会价值或个人价值的新事物、新思想的活动。

（2）具体要求

学习文化科学技术，是富国强民的关键，一刻都不能放松。在学习新知识、钻研新技术的过程中，要不惧挫折，勇于拼搏，而开拓创新要有创新意识和科学思维，同时要有坚定的信心和意志。

知识经济时代，学习是永恒的主题，知识是推动行业发展的动力之一。作为烹饪从业人员，要不断地积累知识，更新知识，满足原料、工艺、技术不断更新发展的需要，满足企业竞争、人才竞争的需要。

第 2 章
饮食营养知识

第 1 节 人体需要的热能与营养素

一、能量

能量是人类赖以生存的基础。人们为了维持生命、生长、发育、繁衍后代和从事各种活动，每天必须从外界摄取一定的物质和能量。这些物质和能量通常由食物提供。唯有食物源源不断地供给，人体才能做机械功、渗透功和进行各种化学反应，如心脏搏动、血液循环、呼吸、肌肉收缩、腺体分泌，以及各种生物活性物质的合成等。

1. 能量与能量单位

(1) 焦耳 (J)、千焦 (kJ)

国际单位中以焦耳为能量计量单位，这也是我国的法定计量单位，1 J 是以 1 N 的力将 1 kg 的物体移动 1 m 所需的能量。焦耳的 1 000 倍为千焦 (kJ)，焦耳的 100 万倍为兆焦 (MJ)。

(2) 卡 (cal)、千卡 (kcal)

1 卡相当 1 克 (g) 水从 15℃ 升高到 16℃，即升高 1℃ 所需的能量。营养学实际应用中，常以千卡为单位，但此单位已被废除，而改用国际单位焦耳。

(3) 换算关系

统一用焦耳为单位虽然可以消除以卡为单位的混乱，但在一些营养书籍以及一些食谱的食物成分表上仍用卡为单位。WHO（世界卫生组织）建议暂时在食物成分表里平行列出热化学卡和焦耳的数值作为过渡。

焦耳与卡的换算关系如下：

1 千卡（kcal）＝4.184 千焦（kJ）

1 千焦（kJ）＝0.239 千卡（kcal）

近似计算为：1 kcal≈4.2 kJ

1 kJ≈0.24 kcal

粗略换算时可乘以 4，或者除以 4 计算。

2. 人体能量的需要

健康成人能量的供给和需要基本上是平衡的，主要表现在体重的相对恒定上。所以，常根据体重的变化来衡量能量是否平衡。成人每日能量的需求主要有三个方面：基础代谢需求、体力活动需求和特殊食物动力的需求。对于婴幼儿、儿童、孕妇、乳母的能量需求还应包括满足机体生长、乳汁分泌等特殊活动所消耗的能量。

（1）基础代谢的能量需求

1）基础代谢和基础代谢率的概念。基础代谢是维持生命最基本活动所必需的能量。具体地说，是指人体在清醒且安静的状态下，在适宜的室温（18～25℃）环境中，空腹，维持基本生命活动的热能需要的能量，也就是用于维持正常体温及呼吸、心跳、分泌等所需的能量。

基础代谢率是指单位时间内人体每平方米体表面积所消耗的基础代谢热量（$kJ/m^2 \cdot h$）。这样就便于对不同生长、发育状况的人体进行比较。

2）影响基础代谢能量消耗的因素

①年龄。儿童从出生到 2 岁相对生长速度最高，青少年身高、体重和活动量与日俱增，故所需能量增加。中年以后基础代谢逐渐降低，活动量也减少，需要能量下降，老年人的基础代谢较成年人低 10%～15%，因其活动更少，需能量也更少。生长期儿童基础代谢率较高，青壮年期较稳定，老年人基础代谢率较低。

②性别。因为成年男性有更多的肌肉，其体脂要少于同年龄女性，所以同年龄组男性基础代谢率高于女性，但妊娠期妇女的基础代谢随胎儿生长相应增高。

③体型。这与人的高矮、胖瘦以及体表面积有关。体表面积大，向外界散发的热量多且快，基础代谢就较强。

④环境温度。寒冷气温下的人基础代谢率高于温热带气温下的人，但影响不大，人们可通过添加衣服调节，但长期处于寒冷和炎热地区的人就有所不同。

⑤种族。相同身高、体重的人种以爱斯基摩人和印第安人的基础代谢率最高，

欧美人次之,亚洲人较低。

⑥营养及机能状况。在严重饥饿和长期营养不良状态下,身体基础代谢的降低可达50%。疾病和感染可提高基础代谢,如生病发热时,体温增高,基础代谢亦增高。因此,生病发热时要供应充裕的热能,如从静脉点滴葡萄糖,否则体内的脂肪、蛋白质会严重消耗,影响人体健康。

一般情况下,基础代谢可有10%~15%的正常波动。

(2) 从事体力或脑力劳动所消耗的能量

从事各种劳动及活动所消耗的能量是人体能量消耗的主要部分,它直接与劳动强度、持续时间、工作熟练程度有关。在正常情况下,体力劳动者的能量需要是与食欲相适应的,当正常食欲得到满足时,其能量需要量一般也可以满足,体重得以维持不变。如能量供给量过多或不足,则体重将增加或减轻。

在我国一般将体力活动分为三个等级,根据劳动强度决定能量供应(见表2—1)。

表2—1　　　　　　　　　建议中国成人活动水平分级

活动水平	职业工作时间分配	工作内容举例	体力活动水平 PAL	
			男	女
轻	75%时间坐或站立,25%时间站着活动	办公室工作、修理电器钟表、售货员、酒店服务员、化学实验操作、讲课等	1.55	1.56
中	40%时间坐或站立,60%时间特殊职业活动	学生日常活动、机动车驾驶、电工安装、车床操作、金工切割等	1.78	1.64
重	25%时间坐或站立,75%时间特殊职业活动	非机械化农业劳动、炼钢、舞蹈、体育运动、装卸、采矿等	2.10	1.82

(3) 食物特殊动力作用所消耗的能量

食物特殊动力作用又称食物的热效应,是指机体由于摄取食物而引起体内能量消耗增加的现象,即摄食过程中,对食物进行消化、吸收、代谢转化的过程而消耗的能量。

食物特殊动力作用消耗能量与食物成分、进食量和进食频率有关。摄入普通混合膳食时,食物特殊动力作用所引起的额外能量消耗约为每日基础代谢的10%。

(4) 生长发育及影响能量消耗的其他因素

处在生长发育过程中的儿童,其一天的能量消耗还应包括生长发育所需要的能量。怀孕的妇女,由于子宫内胎儿的发育,孕妇间接地承担并提供其迅速发育所需要的能量,加上自身器官及生殖系统的进一步发育所需要的特殊能量,尤其在怀孕后半期。

3. 能量的摄入量与食物来源

(1) 膳食能量推荐摄入量

世界各国有不同的能量供给量推荐值，20世纪90年代以前，中国的膳食营养素需要量标准是以推荐的量来表示。中国营养学会2000年10月修订了1988年的每日膳食营养素供给量（RDAs），并用Chinese DRIs来说明中国居民不同人群对膳食中各种营养素的需要标准。

(2) 能量的供给

由于三大营养素的功能各异，因此产热营养素不能完全互相代替，能量平衡不仅取决于产热营养素的需要量与供给量的动态平衡，而且也与产热营养素之间的比例相关，三大营养素应有一个适宜的比例关系，才能让各营养素最大程度地发挥生理作用，维持机体的能量平衡。我国营养学会本着发挥营养素主要生理功能的原则，提出产热营养素中碳水化合物提供的能量占总能量55%～65%，脂肪占20%～30%，蛋白质占10%～15%为宜。

(3) 能量的食物来源

碳水化合物、脂肪和蛋白质普遍存在于各种食物中。但是动物性食物一般比植物性食物含有较多的脂肪和蛋白质，植物性食物中，粮食以碳水化合物和蛋白质为主；油料作物含有丰富的脂肪，其中大豆含有大量油脂与优质蛋白质；水果、蔬菜类植物一般含能量较少，但硬果类例外，如花生、核桃等含有大量油脂，从而具有很高的能量。

二、蛋白质

蛋白质是化学结构复杂的一类有机化合物，是人体必需营养素。现已证明，生命的产生、存在和消亡都与蛋白质有关，蛋白质是生命的物质基础，没有蛋白质就没有生命。

1. 蛋白质的组成与氨基酸

蛋白质与脂肪、糖类在化学元素组成上相同之处是都含有碳、氢、氧三种元素，不同之处是蛋白质还含有氮元素，所以，蛋白质又叫含氮有机物。

氨基酸是含有氨基的有机酸，是组成蛋白质的基本单位。虽然蛋白质的相对分子质量很大，种类繁多，且不同的动、植物又具有不同的蛋白质，但各种蛋白质的基本结构单位都是氨基酸。构成食物蛋白质的氨基酸主要有二十多种，人体内各种类别的蛋白质，均由这二十多种氨基酸组成。

在这二十多种氨基酸中，有一些在人体内不能合成或合成的速度远不能满足机体的需要，而必须由食物蛋白质来供给，否则就不能维持肌体的正常生理功能，因此把这些氨基酸称为"必需氨基酸"。对成年人来说，所必需的氨基酸有 8 种，即赖氨酸、色氨酸、缬氨酸、苯丙氨酸、苏氨酸、蛋氨酸、亮氨酸、异亮氨酸。儿童所必需的氨基酸有 9 种，在成人的 8 种必需氨基酸的基础上再加上组氨酸。

2. 蛋白质的功能

（1）构成机体和生命的重要物质基础

1）催化作用。肌体内许多酶，如消化酶、RNA 合成酶、谷胱甘肽过氧化物酶等起着催化作用，酶的本质就是蛋白质。

2）调节生理机能。激素是机体内分泌细胞制造的一类化学物质，如生长素、甲状腺素、胰岛素、肾上腺素等。这些物质随血液循环流遍全身，调节机体的正常活动，对机体的繁殖、生长、发育和适应内外环境的变化具有重要作用。这些激素中有许多就是蛋白质或肽。

3）氧的运输。肌体在生物氧化过程中所需要的氧的运输和生成的二氧化碳的排送是由血液中的血红蛋白完成的。血红蛋白是球蛋白与血红素的复合物。

4）肌肉收缩。肢体的运动、心脏的搏动、血管的舒缩、胃肠的蠕动、肺的呼吸功能，以及泌尿、生殖过程都是通过肌肉的收缩与松弛来实现的。这种肌肉的收缩活动是由肌动球蛋白来完成的。

5）支架作用。结缔组织分布广泛，组成各器官包膜及组织间隔，散布于细胞之间。正是它们维持各器官的一定形态，并将机体的各部分连成一个统一的整体。这种作用主要是由胶原蛋白来实现的。

6）免疫作用。肌体的免疫作用是由免疫球蛋白来完成的。免疫球蛋白可作为注射剂进入人体，以预防各种流行病的感染。

此外，核蛋白及其相应的核酸是遗传的物质基础，体内酸碱平衡的维持、水分的正常分布，以及许多重要物质的转运等都与蛋白质有关。由此可见，蛋白质是生命的物质基础。

（2）修补更新肌体组织

身体的生长发育，衰老组织更新，疾病和创伤后组织细胞的修补，都离不开蛋白质。所以人体每天必须从食物中摄入一定数量的蛋白质用以构成和修补机体组织，维持机体的健康状态。正常人体内有 16%～19% 的蛋白质，每天有约 3% 的蛋白质被更新。

胶原蛋白是人体结缔组织的组成成分，能主动参与细胞的迁移、分化和增殖代谢，既有连接与营养功能，又有支撑、保护作用。在人的皮肤中，胶原蛋白含量高达71.9%，它维护着人类皮肤的弹性和韧性。如果长期缺乏蛋白质会导致皮肤生理功能减退，使皮肤弹性降低，失去光泽，出现皱纹。

（3）供给能量

每克蛋白质在体内氧化可产生17 kJ（4 kal）的能量，蛋白质在体内的主要功能并非是提供热能。虽然人体每天所需要的能量有10%～15%来自蛋白质，但必须指出，利用蛋白质作为热能的来源是很不经济的。如果在每天膳食中能提供充足的糖类和脂肪来供给人体需要的能量，那么，食物中的蛋白质就能有效地发挥其作为结构物质、调节物质的作用，而不是以能量的形式被消耗掉。把糖类和脂肪的这种作用称为"节约蛋白质作用"。如果在膳食中糖类和脂肪供给不足，则膳食中的蛋白质就不能有效地被利用，甚至造成蛋白质缺乏。所以，必须对人体供给充足的热量，才能发挥蛋白质应有的作用。

3. 蛋白质的营养评价

衡量食物蛋白质营养价值的高低，可以从蛋白质的含量，必需氨基酸的种类、含量和各种必需氨基酸比例，蛋白质消化率和蛋白质的利用率这四方面加以评定。

（1）食物中蛋白质的含量

食物蛋白质营养价值的高低，首先表现在量的方面。

食物中蛋白质的含量可通过测定其中的含氮量来求得。不同食物所含蛋白质的数量相差很大，畜禽鱼类蛋白质含量为11%～20%，粮谷类蛋白质含量为5%～10%，大豆类蛋白质含量为20%～40%，蔬菜类蛋白质含量仅1%左右。若仅以蛋白质含量的多少评定食物蛋白质的营养价值，而不从质量上分析，往往就不能正确评定食物蛋白质的营养价值。

（2）食物蛋白质的必需氨基酸的种类、数量与比例

1）蛋白质的分类。食物中蛋白质种类繁多，各类蛋白质的性质和化学组成也各不相同。在营养学上，根据所含必需氨基酸的种类、数量及比例协调程度的差异，把蛋白质分成三类，即完全蛋白质、半完全蛋白质和不完全蛋白质，见表2—2。

表2—2　　　　　　　　　　蛋白质的分类

蛋白质分类	几种必需氨基酸组成情况	代表食物
完全蛋白质	种类齐全、比例适宜、数量充足	瘦肉、奶、蛋、大豆
半完全蛋白质	种类齐全、有些数量偏低、比例不适宜	米、麦、花生、土豆
不完全蛋白质	种类不全	玉米、豌豆、肉皮、结缔组织

2）蛋白质互补作用。一般来说，动物性蛋白质和大豆蛋白质中必需氨基酸的

种类齐全，数量较充足，相互比例与人体对必需氨基酸需要模式较吻合，所以动物性蛋白质营养价值较高，属于优良蛋白质。但在自然界中，无论是动物蛋白质或是植物蛋白质，必需氨基酸之间的比例都没有一种是完全符合人体需要的，因此，单纯增加某一种蛋白质的数量，不可能提高蛋白质的生理价值。只有当几种食物同时混合食用时，其中的各种蛋白质所含的必需氨基酸才能相互配合，取长补短，提高蛋白质的生理价值。这种相互补充的作用称为蛋白质的互补作用。

蛋白质的互补作用即是将两种以上的食物适当混合食用或先后食用，使它们之间相对不足的氨基酸互相补偿，从而接近人体所需的氨基酸模式，提高蛋白质的营养价值。

食物混合食用时，为使蛋白质的互补作用得以充分发挥，一般遵循以下原则：食物的生物学属性越远越好，如动物性与植物性食物混合时蛋白质生物价超过单纯植物性食物之间的混合，搭配的食物种类越多越好，各种食物要同餐食用，合成组织器官的蛋白质所需要的必需氨基酸必须同时到达，才能发挥必需氨基酸的互补作用，装配成组织、器官的蛋白质。

有些厨师常采用"外素内荤""荤素合一"的烹调方法，如锅塌豆腐、菜肉包、饺子等，尽管所加蛋或肉不一定很多，但较单一素菜味道鲜美，也体现动、植物蛋白质的互补作用。在代乳粉中加入少量蛋黄和奶粉，在婴儿食品中加入鱼粉或肉茸，不仅可提高蛋白质的生物价，还可补充一些铁和维生素 A 等矿物质元素和维生素。

(3) 蛋白质消化率

消化率是指食物蛋白质在消化酶作用下被分解的程度。某种食物蛋白质消化率越高，则被机体吸收利用的可能性越大，营养价值也越高。

不同食物或者同一种食物因加工方法不同，其消化率也不同。几种食物蛋白质的消化率见表 2—3。一般来说，植物性蛋白质的消化率较动物性蛋白质低。但植物性食品经过加工烹调，其纤维素可被破坏、软化或去除，则植物蛋白质消化率可适当提高。例如大豆，其整粒食用时，蛋白质消化率仅为 60%，但将大豆加工成豆浆或豆腐，蛋白质的消化率则可提高到 90%。有些植物性食品中存在抗胰蛋白酶，可使蛋白质消化率降低，经烹调加热即可破坏，从而提高消化率。

(4) 食物蛋白质的利用率

食物蛋白质的利用率，是指食物蛋白质被消化吸收后在体内被利用的程度。测定食物蛋白质利用率的方法很多，也很复杂，较常用的主要有蛋白质生物学价值及蛋白质净利用率两种方式。

表 2—3　　　　　　　　　　几种食物的蛋白质消化率

食物	消化率（%）	食物	消化率（%）
奶类	97~98	米饭	82
蛋类	98	面包	79
肉类	92~94	玉米、面食	66
马铃薯	74	大豆	60

1）蛋白质生物学价值。蛋白质的生物学价值也称生理价值，它是评定食物蛋白质营养价值的常用方法，是指食物蛋白质消化吸收后在体内储留的程度。

蛋白质的生理价值越高，说明在人体内的利用率越高，营养价值也越高。食物蛋白质的生理价值，通常都达不到100%，因为蛋白质吸收后不可能全部构成身体的组织。食物蛋白质生理价值的高低取决于其必需氨基酸的组成。凡是必需氨基酸组成与人体需要相近或接近的蛋白质，其生理价值较高；反之，则较低，见表2—4。

表 2—4　　　　　　　　　　常用食物蛋白质的生理价值

蛋白质	生理价值（%）	蛋白质	生理价值（%）
鸡蛋	94	熟大豆	64
鸡蛋白	83	扁豆	72
鸡蛋黄	96	蚕豆	58
脱脂牛奶	85	白面粉	52
鱼	83	小米	57
牛肉	76	玉米	60
猪肉	74	高粱	56
大米	77	红薯	72
小麦	67	马铃薯	67
生大豆	57	花生	59

2）蛋白质净利用率。生物价只表示储留氮与吸收氮的关系，并没有反映出食物蛋白质消化率的影响。蛋白质净利用率就是一种把食物蛋白质消化率也考虑在内的评价方法，用储留氮对摄入氮的百分比数来表示。

4. 蛋白质的摄入量与食物来源

（1）蛋白质参考摄入量

世界各国对蛋白质的供给量没有一个统一的标准。一般对人体需要量的衡量依照年龄的不同有不同的方法，依照中国的饮食习惯和膳食构成以及各年龄人群的蛋白质代谢特点，中国营养学会2000年修订了蛋白质的推荐摄入量。成年男、女轻体力活动分别为 75 g/d 和 60 g/d，中体力活动分别为 80 g/d 和 70 g/d，重体力活动分别为 90 g/d 和 80 g/d。若以能量计算，蛋白质占每日总能量的 10%～15%，其中儿童、青少年为 13%～14%，以保证成长发育的需要；成年人蛋白质供给占每日总能量的 11%～12%，即可维持正常生理功能。

（2）蛋白质的食物来源

蛋白质的食物来源众多，而各类食物中蛋白质含量差异也较大。含蛋白质较多的食物为畜禽肉类、鱼类，这些食物的蛋白质含量一般在 10%～30%。而奶类在 1.5%～3.8%，蛋类在 11%～14%，干果类在 20%～50%，硬果类的花生、核桃、莲子等也含有 15%～26% 的蛋白质。粮谷类食物含蛋白质为 6%～10%，而薯类占 2%～3%，蔬菜中蛋白质含量只有 1%～2%。

1）谷类是我国居民膳食蛋白质的重要来源。粮谷类供给的蛋白质占我国居民膳食蛋白质总量的 50% 左右，虽其营养价值不高，但谷类仍为蛋白质的重要来源。

2）动物性蛋白质是膳食蛋白质的最佳来源。动物性食品的蛋白质含量较高且营养价值高，尤其是乳、蛋类，是蛋白质的最佳来源。

我国目前膳食蛋白质的供给，可考虑在粮食的基础上增加一定量的动物蛋白质和豆类蛋白质（占蛋白质来源 30% 以上），则能更好地全面满足营养需要，还可充分利用蛋白质的互补作用，提高蛋白质的生理价值。另外，还可采取适当措施进行蛋白质强化和氨基酸强化，积极开发新蛋白质资源，以改善我国膳食蛋白质的数量和质量。

三、脂肪

1. 脂肪的分类

脂类是脂肪和类脂的总称。脂肪有脂和油，都是由碳、氢、氧三种元素组成。脂肪是由 1 个分子的甘油与 3 个分子的脂肪酸组成，称为甘油三酯，也就是中性脂肪。日常食用的动植物油，其主要成分是脂肪。由于其中脂肪酸的组成不同，有的在常温下是固体，称为"脂"，如猪脂、牛脂、羊脂等；有的在常温下是液体，称为"油"，如菜油、花生油、豆油等。类脂是与油脂类似的化合物，其种类很多，主要有磷脂、糖脂、类固醇和固醇、脂蛋白等。在营养上比较重要的类脂有胆固醇和脂蛋白。

2. 必需脂肪酸

人体内不能合成而必需从食物中摄取的脂肪酸，称为必需脂肪酸。如亚油酸和 α—亚麻酸，人体不能合成，但植物能合成。必需脂肪酸目前发现均为不饱和脂肪酸。

3. 脂类的功能

（1）储存和供给能量

脂肪被人体吸收后，一部分经氧化产生能量，每克脂肪在人体内氧化可供给能量 38 kJ（9 kcal），比等量的碳水化合物和蛋白质的产能量大1倍多。人体所需总能量的 20%～30% 是由脂肪提供的，从食物中摄取的脂肪，一部分储存在体内，当人体的能量消耗多于摄入时，就动用储存脂肪来补充能量。所以储存脂肪是储备能量的一种方式。

（2）构成组织

脂肪是构成人体细胞的重要成分，如磷脂是构成细胞膜、神经细胞的主要成分。在大脑中除去水分，脂肪占脑组织总量的 1/2。

（3）维持体温，保护脏器

脂肪导热性能差，不易传热，故分布在皮下的脂肪可减少体内热量的过度散失和防止外界辐射热的侵入，对维持人的体温起着重要作用。分布在内脏周围的脂肪组织，犹如软垫起到使内脏免受机械撞击的作用和固定保护作用。

（4）促进脂溶性维生素的吸收

维生素 A、维生素 D、维生素 E、维生素 K 不溶于水，只能溶于脂肪或脂溶剂，称为脂溶性维生素。膳食中的脂肪是脂溶性维生素的良好溶剂，可促进其吸收，当膳食中脂肪缺乏或发生吸收障碍时，体内脂溶性维生素就会因此而缺乏。

（5）供给必需脂肪酸，调节生理机能

必需脂肪酸缺乏时，会发生皮肤病、生育反常及乳汁减少等现象。此外，脂肪具有较强的饱腹感，有提高食物的感官性状、增加食欲的作用。

4. 膳食脂肪的营养评价

食物中的各种脂肪，因为来源和组成成分的不同，营养价值也有所差异。膳食脂肪营养价值的高低，主要取决于脂肪的消化吸收率、不饱和脂肪酸的含量及脂溶性维生素的含量。

（1）脂肪的消化率

脂肪一般不溶于水，密度也小于水，经胆汁的乳化作用后，才能消化吸收和利用。脂肪的消化率与其熔点有密切关系。熔点较低的脂肪酸容易消化，熔点接近体温或低于体温的，其消化率高。消化率越高的脂肪，其营养价值也越高，但熔点在 50℃ 以上的脂肪酸则不易被消化吸收。一般植物油的熔点低，其消化率较高，见表 2—5。

表2—5 几种食用脂肪的熔点与消化率

名称	熔点（℃）	消化率（%）	名称	熔点（℃）	消化率（%）
羊脂	44~45	81	豆油	常温下为液体	98
牛奶	42~50	89	麻油	常温下为液体	98
猪脂	36~50	94	茶油	常温下为液体	91
乳脂	28~36	98	橄榄油	常温下为液体	98
椰子油	28~33	98	玉米油	常温下为液体	97
花生油	常温下为液体	98	鱼肝油	常温下为液体	98
菜油	常温下为液体	99	葵花籽油	常温下为液体	96.5
棉籽	常温下为液体	98			

（2）不饱和脂肪酸的含量

食物油脂中不饱和脂肪酸含量，尤其是必需脂肪酸和单不饱和脂肪酸含量越高，脂肪的营养价值就越高。植物油（椰子油除外）中，含必需脂肪酸较多，动物脂肪含量则较少。同一品种因加工方法或产地不同，必需脂肪酸的含量略有差异。一般来说，动物脂肪含必需脂肪酸少，其营养价值不如植物油。常见食用油脂中主要脂肪酸组成见表2—6。

表2—6 常见食用油脂中主要脂肪酸的组成

食用油脂	饱和脂肪酸（%）	不饱和脂肪（%）			备注
		油酸	亚油酸	亚麻酸	
椰子油	92	0	6	2	
橄榄油	10	83	7		
菜籽油	13	20	16	9	其他主要为芥酸
花生油	19	41	38	0.4	还有少量其他脂肪酸
茶油	10	79	10	1	
葵花籽油	14	19	63	5	
豆油	16	22	52	7	还有其他脂肪酸
芝麻油	15	38	46	0.3	还有少量其他脂肪酸
玉米油	15	27	56	0.6	还有少量其他脂肪酸
棕榈油	42	44	12		
猪脂	43	44	9		
牛脂	62	29	2	1	还有其他脂肪酸
羊脂	57	33	3	2	还有其他脂肪酸
黄油	56	32	4	1.3	还有其他脂肪酸

（3）脂溶性维生素的含量

动物的储备脂肪（板油）几乎不含维生素，而内脏器官如肝脏中的脂肪含有丰富的维生素 A、维生素 D，奶和蛋黄的脂肪中维生素 A、维生素 D 含量也很丰富。植物油中维生素 A、维生素 D 较为缺乏，但含有丰富的维生素 E，且较动物脂肪含量高。如棉籽油维生素 E 的含量每 100 g 为 88～110 mg，豆油为 92～280 mg，菜油为 55 mg，麻油为 50 mg，花生油为 22～59 mg，猪油仅有 2.7 mg，黄油只有 2.1～3.5 mg。

5. 脂肪的摄入量与食物来源

（1）推荐摄入量

膳食中脂肪的供给量受民族、地方习惯、季节和气候等因素影响，目前尚无统一的标准，所以在我国每日膳食的营养供给量的建议中没有作明确规定。一般认为成年人脂肪摄入量占每日能量供给量的 20%～25%，一般不超过 30%。儿童、少年为 25%～30%。即每日膳食中有 50～60 g 的脂肪就能满足机体的需要，这包括食物所含的脂肪和烹调用油一起在内。

（2）脂肪的食物来源

植物性食物来源主要有花生、大豆、玉米、芝麻、棉籽、菜籽、核桃和其他果仁以及麦胚、米糠等。动物性食物来源如猪脂、牛脂、羊脂、鱼油、乳脂、蛋黄油和禽类油等。

四、碳水化合物

1. 碳水化合物的分类

碳水化合物由于受代谢过程的影响，主要存在于植物性食品原料中。动物性食品除蜂蜜外，通常含糖量很少。按碳水化合物的聚合度通常可将碳水化合物分为单糖、双糖、糖醇（糖的衍生物）、低聚糖（寡糖）和多糖（多聚糖）。

（1）单糖

单糖的分子结构最简单，且不能被水解，是最基本的糖类。通常根据单糖所含碳原子的数量分为三碳糖、四碳糖、五碳糖和六碳糖，其中六碳糖在自然界中分布最广泛。单糖易溶于水，有甜味，不经过消化过程就可被人体吸收利用。在营养上有重要作用的单糖是葡萄糖、果糖和半乳糖三种。

（2）双糖

双糖由两个单糖分子结合，失去一个分子水而形成的化合物。双糖味甜，多为结晶体，易溶于水，不能直接为人体所吸收，必须经过酶的水解作用，分解为单糖以后才能被吸收。与生活关系密切的双糖有蔗糖、麦芽糖和乳糖等。

(3) 糖醇

糖醇是糖的衍生物，食品工业中常用其代替蔗糖甜味剂使用，在营养上也有独特的作用。如山梨糖醇代谢时可转化为果糖，而不转变为葡萄糖，不受胰岛素控制，是适合糖尿病等患者食用的甜味剂。如木糖醇的代谢利用不受胰岛素调节，是可被糖尿病人接受的甜味剂。木糖醇不仅无促龋作用，而且可阻止新龋形成和原有龋齿的继续发展。

(4) 多糖

多糖是由数百乃至数千个葡萄糖分子缩合而成的高分子物质，是一类复杂的糖类。多糖无甜味，但经过消化酶作用可分解为葡萄糖，多糖类中的淀粉、糖原、膳食纤维在营养上有重要作用。淀粉和糖原是能被人体消化吸收的多糖类，而膳食纤维是不能被人体消化吸收的多糖类。膳食纤维虽然不能消化吸收，但在体内可以降低血清胆固醇水平，有吸水通便、降血糖、改善肠道菌群等作用。

2. 碳水化合物的功能

(1) 供给能量

碳水化合物是供给机体能量的主要和最有效的形式。我国人民从膳食中摄取总热量的50%～70%，都是由碳水化合物提供的。糖原和葡萄糖是脑组织和心肌的主要能源，又是肌肉运动的有效能源物质。血液中的葡萄糖是神经系统的唯一能量来源。如大脑每日需要葡萄糖110～130 g，所以当血糖降低时，往往会出现昏迷，严重时甚至休克、死亡。

(2) 构成机体组织

碳水化合物是构成机体的一种重要物质，所有神经组织、细胞和体液中都含有碳水化合物。核糖是构成遗传物质脱氧核糖核酸（DNA）的主要成分。因此碳水化合物是构成机体不可缺少的物质。

(3) 抗生酮作用和节约蛋白质作用

体内脂肪代谢需要有足够的碳水化合物来促进氧化，碳水化合物不足时，所需能量将大部分由脂肪提供，而脂肪氧化不完全时，则体内脂肪酸氧化过程中，不能完全氧化成二氧化碳和水而产生酮类物质，从而发生酮中毒，所以碳水化合物具有辅助脂肪氧化的抗生酮作用。碳水化合物在体内代谢的重要性还表现在，膳食中碳水化合物充足，蛋白质在体内不以能量形式被消耗，使蛋白质能充分发挥其结构物质、调节物质的作用。

(4) 保护肝脏和解毒作用

当肝糖原储备充足时，肝脏对四氯化碳、酒精、砷等化学毒物有较强的解毒能力，对各种致病微生物感染所引起的毒血症也有较强的解毒作用。当肝糖原不足时，肝脏的解毒作用就明显下降。

(5) 增强胃肠道功能，促进消化

多糖类的纤维素和果胶，人体虽然不能消化吸收，但其却能增进消化液的分泌和胃肠蠕动。纤维素和果胶还能吸收肠腔中的水分，增大体积，使大便松软，利于正常排便，从而促进了消化功能及排便功能。

此外蔗糖在烹调中常用来调味、增色、提高食欲。乳糖在促进婴儿生长发育中也起着重要作用。

3. 碳水化合物的摄入量与食物来源

(1) 膳食参考摄入量

关于碳水化合物的供给量尚无正式规定。对碳水化合物的实际需要量随着劳动强度不同而异，也根据民族饮食习惯、生活条件而定。但资料表明，碳水化合物提供的能量占总能量的80%以上和40%以下都是不利于健康的。中国营养学会认为，现阶段中国居民碳水化合物所供能量占全日总能量的55%～65%为宜，其中可消化利用的碳水化合物提供的能量不少于总能量的55%。另外，由于精制糖为纯能量食物，摄入过多易引起肥胖，因此，营养学家建议应限制其摄入量，一般其供能比例应在总能量的10%以下，成年人应小于25 g/d。

WHO推荐总膳食纤维的摄入量为27～40 g/d。中国营养学会2000年提出，成年人膳食纤维的适宜摄入量为25～35 g/d，儿童、青少年为5～10 g/d。

(2) 食物来源

碳水化合物的食物来源，除了纯糖外，以植物性食品为最多，谷类、豆类、薯类、根茎类（芋头、藕、慈菇、马蹄、百合）等是淀粉的主要来源。有些坚果如栗子、菱角等也是淀粉的很好来源。动物性食品中乳类是乳糖的主要来源。麦麸、粗加工的谷类、蔬菜、水果也是膳食纤维的良好来源。

五、维生素

1. 维生素的概述

(1) 维生素的概念

维生素是维持人体正常生命活动所必需的一类有机化合物，在体内含量极微，但在机体的代谢、生长、发育等过程中起重要作用。维生素是人和动物维持正常生理功能所需的一类微量有机化合物。

维生素的化学结构与性质各有差异，但也有共同特点：

1) 天然存在于食物中，但含量极微，常以微克或毫克计量，存在形式有维生素或被人体利用的维生素前体。

2) 维生素各自担负着不同的特殊生理代谢功能，但都不提供热能也不参与构成机体组织。

3) 都不能由人体合成或合成量太少，而必须通过饮食提供。

4) 人体只需少量即可满足需要，但绝不能缺少。当人体内缺乏某种维生素至一定程度时，可导致相应的特异缺乏症。某些维生素摄入过量，可导致人体中毒。

(2) 维生素的分类

维生素根据发现的先后顺序，在维生素后面加上字母 A、B、C、D 等来命名。也有的根据它们的化学结构特点或生理功能来命名，如硫胺素、抗坏血酸等。维生素的种类很多，目前已知的有二十多种，它们的化学性质与结构的差异性很大。一般按溶解性将维生素分为两大类，即脂溶性维生素和水溶性维生素。

脂溶性维生素溶于脂肪或脂溶剂而不溶于水，其吸收与脂肪的存在有密切关系，吸收后在体内储存。这类维生素有维生素 A、维生素 D、维生素 E、维生素 K 等。

水溶性维生素溶于水而不溶于脂肪或脂溶剂，吸收后在体内储存很少，过量的维生素多从尿中排出。此类维生素有维生素 B_1、维生素 B_2、维生素 PP、维生素 B_6、泛酸、生物素、叶酸、维生素 B_{12}、维生素 C 等。

(3) 维生素缺乏的原因

维生素缺乏的原因主要有以下几点：

1) 摄取不足。维生素缺乏的原因是从食物中摄入不足，或食物中维生素含量不足。因为长期吃不到新鲜的蔬菜和水果，坏血病曾是远洋航行中造成成千上万人死亡的主要原因。

2) 食品加工和烹饪损失。食物因加工和烹饪不当而引起维生素的破坏损失。

3) 吸收有障碍。因为体内吸收有障碍，而造成维生素的缺乏。肝、胆系统疾病会影响胆汁分泌，从而使脂溶性维生素不能吸收。胃切除可影响维生素 B_{12} 的吸收。对这些病人应注意及时补充维生素。

4) 特殊生理阶段。孕妇、乳母、青春期的青少年等人群，以及特殊工作者需要量增高，也会造成机体维生素的缺乏。

2. **脂溶性维生素**

(1) 维生素 A 和胡萝卜素

1) 性质。维生素 A 又名视黄醇，是一种淡黄色、针状结晶物质，对热、酸、碱都比较稳定。一般的烹调方法对食物中的维生素 A 不能严重破坏，但其易因空气氧化或紫外线照射而失去生理作用。另外，如果长时间加热，如油炸以及在不隔绝空气的条件下长时间脱水，都可使维生素 A 遭受损失。

维生素 A 只存在于动物性食品中，植物食品中没有维生素 A，但在有色蔬菜和水果中含有维生素 A 原，即胡萝卜素。胡萝卜素被人体吸收后，在小肠黏膜和肝脏中经酶作用转化成维生素 A。所以胡萝卜素是维生素 A 的前身，也叫维生素 A 原。我国人民膳食中维生素 A 的来源主要是胡萝卜素。胡萝卜素的吸收率远远低于维生素 A，1 μg 维生素 A 相当于 6 μg 胡萝卜素。

2）维生素 A 的功能和缺乏症。维生素 A 具有维持正常的视觉功能，使上皮组织细胞健康，增强抗病能力，促进生长发育。维生素 A 还有改善铁的吸收，促进储存铁的运转，增强造血系统功能的作用。

缺乏维生素 A，会造成暗适应能力降低及夜盲症，也会出现皮肤干燥及干眼病，表现为上皮干燥、粗糙、角化，这些症状不仅出现在皮肤上，也出现在呼吸道、消化道等的黏膜上。

3）来源和供给量。维生素 A 的最好来源是各种动物的肝脏、鱼肝油、鱼卵、全脂奶、奶油、禽蛋等。植物性食物中含胡萝卜素较多的有胡萝卜、菠菜、西兰花、芒果、荠菜、番茄、芹菜、韭菜、苋菜等蔬菜和水果，见表 2—7 及表 2—8。

表 2—7　　　　　　　含维生素 A 丰富的食物　　　　　　单位：μg/100 g

食品名称	维生素 A 含量	食品名称	维生素 A 含量
猪肝	4 972	鸡蛋黄	438
牛肝	20 220	鸭蛋	261
羊肝	20 973	咸鸭蛋（熟）	134
鸡肝	2 872	牛奶粉	1 400
河蟹	389	鹅肝	6 100
鸭肝	1 040	鸡蛋粉（全）	525
鸡蛋	194	奶油	1 042

我国营养学会建议，成年男女日供给维生素 A 800 μg，即可满足人体需要。婴儿和儿童，妊娠和哺乳妇女，每日需要量较高。飞行员、电焊工、驾驶员因视力集中，消耗维生素 A 较多，供给量也应增加。长期服用鱼肝油或维生素制剂时，应防止维生素 A 摄入过量。超过正常需要量几十甚至百倍时，将导致中毒。若由一般食物供给维生素 A，则不易过量。

表 2—8　　　　　　　　　　含胡萝卜素丰富的食物　　　　　　　　　　单位：μg/100 g

食品名称	维生素 A 含量	食品名称	维生素 A 含量
塌棵菜	1 010	胡萝卜（黄）	4 010
荠菜	2 590	胡萝卜（红）	4 130
油菜薹	540	芒果	8 050
芥蓝	3 450	芹菜（叶）	2 930
雪里蕻	310	韭菜	1 410
苋菜	2 110	茴香	2 410
西兰花	7 120	苜蓿	2 640
菠菜	2 920	南瓜	890
空心菜	1 520	杏	450
莴苣叶	880		

（2）维生素 D

1) 性质。维生素 D 是类固醇衍生物，溶于脂肪和脂肪溶剂中，化学性质较稳定，耐热，对氧、酸、碱较为稳定，所以食品中通常的加工、加热、熟制过程不会引起维生素 D 的损失，但脂酸败（食物变质）时，可造成维生素 D 的破坏。维生素 D 的种类很多，以维生素 D_2（麦角钙化醇）和维生素 D_3（胆钙化醇）最为常见。鱼肝油、牛奶、鸡蛋等动物性食品中含有维生素 D_3，人的皮肤中含有 7-脱氢胆固醇，经紫外线或阳光照射后能转变为维生素 D_3。维生素 D_2 和维生素 D_3 在体内经肝肾转化为具有生理活性的形式后，才能发挥生理作用。维生素 D 能调节钙磷代谢并促进其吸收，影响骨骼钙化过程，从而具有抗佝偻病的作用，故又称抗佝偻病维生素。

2) 功能和缺乏症。维生素 D 的主要功能是调节体内钙、磷的正常代谢，促进钙、磷的吸收和利用，维持儿童和成年人的骨质钙化，促使儿童骨骼、牙齿正常发育。缺乏时，儿童将患佝偻病，成年人则患骨质软化病，特别是孕妇和哺乳期的妇女缺乏维生素 D 时，更易得骨质软化病。

3) 来源和供给量。植物性食品中几乎不含维生素 D，其主要存在于鱼肝油、黄油、动物肝脏、奶制品及脂肪含量高的海鱼等食物中。维生素 D 的需要量必须与钙、磷供应并列考虑，当钙、磷摄入量充足时，成年人每人每日需要维生素 D 5 μg，儿童、孕妇和乳母每日供给 10 μg。矿工因晒不到太阳，应给予适当补充，同时适当进行日光浴。由于维生素 D 也可在体内储存，故要预防维生素 D 中毒（超过 45 μg/d）。

（3）维生素 E

1）性质。维生素 E 因与动物生育功能有关，所以又叫生育酚，或称抗不育维生素。维生素 E 是淡黄色的油状物，不溶于水而溶于有机溶剂，在酸性环境中较为稳定，在无氧情况下对热或碱也稳定。食物中维生素 E 除高温加热（如油炸）外，一般烹调时损失不大。

2）功能和缺乏症。维生素 E 是一种很强的抗氧化剂，可保护细胞免受自由基的危害，抑制细胞内和细胞膜上的脂类不被氧化，从而维持细胞膜的正常脂质结构和生理功能。维生素 E 的存在也能防止维生素 A、维生素 C 的氧化，可保持红细胞的完整性。维生素 E 能保持红细胞的完整性，改善微循环，还可防止动脉粥样硬化等心血管疾病。实验发现维生素 E 与精子生成和繁殖能力有关。据报道，将维生素 E 和维生素 A 合用，对防治粉刺和青春痘有效。近来还发现维生素 E 有抗癌作用，缺乏维生素 E 会引起肌肉营养不良。

3）来源和供给量。维生素 E 主要存在于植物食品中，棉籽油、玉米油、花生油等是特别良好的来源（见表 2—9），菠菜、芹菜、干辣椒等蔬菜中含量也很丰富，在肉、奶油、奶、蛋及鱼肝油中也有。成年人每日适宜摄入维生素 E 14 mg，儿童依年龄而有所不同。在正常情况下，人体不会缺乏维生素 E，老年人应适当增加维生素 E 的供给量。

表 2—9　　　　　常见食物每百克中维生素 E 的含量　　　　　单位：mg

食品名称	维生素 E 含量	食品名称	维生素 E 含量
棉籽油	87.24	大豆	18.90
玉米油	51.94	干辣椒	8.76
花生油	42.06	马铃薯	0.34
奶油	66.01	番茄	0.57
牛奶	0.21	苹果	0.79
蛋	2.29	芹菜	1.32
牛肝	0.13	青豆	22.4
鸡肉	0.69	菠菜	1.74

3. 水溶性维生素

（1）维生素 B_1

1）性质。维生素 B_1 又叫硫胺素，或称抗脚气病维生素，为白色针状结晶，微带酵母咸味。维生素 B_1 在空气和酸性环境中较稳定，加热至 120℃ 仍不分解，在中性和碱性环境中遇热容易破坏，所以在烹调食用中，如果加碱过多就会造成维生素 B_1 的损失。维生素 B_1 易溶于水因而易流失，也能被紫外线所破坏。

2) 功能和缺乏症。硫胺素以辅酶形式参加糖类代谢，是物质代谢和能量代谢中关键性的物质。维生素 B_1 能预防和治疗脚气病，促进胃肠蠕动及胰液和胃液的分泌，可增进食欲，帮助消化。维生素 B_1 缺乏或不足，会影响整个机体的代谢，从而引发脚气病，干性脚气病表现为肌肉无力、身体疲倦，中枢神经系统被侵袭，可引起多发性神经炎、肌肉酸痛等。湿性脚气病主要症状为心力衰竭、水肿。如长期食用过于精白的米和富强粉，而又缺乏粗粮和多种副食的补充，就会造成硫胺素缺乏而引起脚气病。

3) 来源和供给量。维生素 B_1 在食物中分布较广，含量最多的是米糠、麦皮、糙米、全麦粉等粮谷作物以及麦芽、酵母、干果、硬果、瘦肉、肝脏、蛋类、乳类等，见表 2—10。

表 2—10　　　　　　常见食物每百克中维生素 B_1 的含量　　　　　　单位：mg

食品名称	维生素 B_1 含量	食品名称	维生素 B_1 含量
稻米（籼）（糙）	0.33	豌豆	0.49
稻米（籼）（特一）	0.09	花生仁（生）	0.72
面粉（标准粉）	0.28	猪肝	0.21
面粉（富强粉）	0.17	猪肉（瘦）	0.54
小米	0.33	猪心	0.19
高粱	0.30	牛肝	0.16
玉米（黄）	0.21	鸡蛋黄	0.33
黄豆	0.41	牛奶	0.03

维生素 B_1 的供给量标准是根据每天摄入热能的多少来确定的，建议每摄入热能 4 200 kJ（1 000 kcal）供给维生素 B_1 0.15 mg。中国营养学会 2000 年推荐硫胺素的 RNI 为：成年男性 1.4 mg，女性 1.3 mg。

(2) 维生素 B_2

1) 性质。维生素 B_2 为黄色粉末状结晶体，味苦，溶于水不溶于脂肪。维生素 B_2 在自然界分布虽广，但含量不多。维生素 B_2 在中性或酸性溶液中比较稳定，在酸性溶液中加热到 100℃时仍能保存，但在碱性溶液中加热则破坏较快。维生素 B_2 水中溶解度较低，对热较稳定，故在食物加工与烹煮过程中一般损失较小。

2) 功能和缺乏症。维生素 B_2 是机体中许多重要的氧化酶的组成成分，在细胞代谢的重要反应中起控制作用。此外，维生素 B_2 对预防缺铁性贫血有重要作用。机体中若维生素 B_2 不足，则导致物质代谢紊乱，将出现多种多样的缺乏症。常见的病症有口角炎、舌炎、脂溢性皮炎、阴囊皮炎、睑缘炎、角膜血管增生、畏光与巩膜出血等。

3) 来源与供给量。维生素 B_2 以动物性食品含量较高，特别是动物肝脏、肾和心脏含量最多，奶类、蛋类、鳞鱼、螃蟹含量也比较多。植物性食物中，绿叶蔬菜和豆类含量较多，见表2—11。由于维生素 B_2 与能量代谢关系密切，故同维生素 B_1 一样，以每 4 200 kJ（1 000 kcal）热量所需 0.5 mg 维生素 B_2 来计算，中国营养学会 2000 年推荐核黄素的 RNI 为：成年男性 1.4 mg，女性 1.2 mg。

表2—11 　　　　常见食物每百克中维生素 B_2 的含量　　　　单位：mg

食品名称	维生素 B_1 含量	食品名称	维生素 B_1 含量
酵母	3.35	口蘑（干）	0.49
猪肝	2.08	花生仁（熟）	1.90
猪肾	0.30	紫菜	1.02
鸡肝	1.10	黑木耳	0.44
猪心	0.48	黄豆	0.20
黄鳝	0.92	豌豆（大）	0.14
河蟹	0.28	蚕豆	0.10
牛奶	0.14	苋菜	0.12
鸡蛋	0.33	菠菜	0.11
鸭蛋	0.17	白面包	0.06

(3) 尼克酸

1) 性质。尼克酸又称烟酸，即维生素 PP，因具有防治癞皮病的作用，所以又叫抗癞皮病维生素。尼克酸为一种白色针状结晶，易溶于水，不易被酸、碱、热及光所破坏，是维生素中性质较稳定的一种。食物经烹煮后尼克酸损失极小。

2) 功能和缺乏症。尼克酸以尼克酰胺的形式存在于体内，在糖类、脂类和蛋白质的能量释放上起重要作用，并有维持皮肤和神经健康、防止癞皮病和促进消化系统功能的作用。当人体缺乏尼克酸时，将患癞皮病，其典型症状是皮炎、腹泻、痴呆（又称"三D"症）。尼克酸缺乏的早期症状为食欲减退、消化不良、全身无力，随后两手、两颊及其他裸露部分出现对称性皮炎，双颊有色素沉着，这时伴有胃肠功能失常、口舌发炎甚至严重腹泻现象，有的患者还有精神明显失常症状。

3) 来源和供给量。尼克酸广泛存储于动物食品中，其中以酵母、花生、全谷、豆类及肉类、肝脏含量最为丰富，见表2—12。人体需要的尼克酸除了以食物为主要来源外，色氨酸也可以在体内转变为尼克酸。因玉米中70%的尼克酸不能被人体吸收利用，故以玉米为主食而缺乏副食供给的地区，容易发生尼克酸缺乏症。

尼克酸也与能量消耗和蛋白质摄入量有密切关系,即随着热能摄入的增多而增加。一般每摄入 4 200 kJ（1 000 kcal）热能需要尼克酸 5 mg,每日需要量约为硫胺素的 10 倍,成年人每日需 12～15 mg。

表 2—12　　　　　　　　常见食物每百克中尼克酸的含量　　　　　　　　单位：mg

食品名称	尼克酸含量	食品名称	尼克酸含量
啤酒酵母	33.2	标准面粉	2.0
猪肝	15.0	全麦面粉	3.2
牛肝	11.9	糙米	2.0
牛心	6.8	豌豆（嫩）	2.4
猪心	6.8	马铃薯	1.1
鸡脚	6.0	芝麻酱	5.8
大黄鱼	0.10	稻米（籼）	2.6
鲤鱼	2.7	蛋类（鸡、鸭、鹅）	0.2
鸡肉	15.7	牛奶	0.1
鸭肉	4.2	油菜	0.7

（4）维生素 C

1）性质。维生素 C 是维生素中供给量最大的一种,因其具有酸性,又称抗坏血酸。维生素 C 是一种白色结晶状的有机酸,易溶于水,不溶于脂肪,对热、碱、氧都不稳定,特别是和铜、铁金属元素接触时更容易被破坏。维生素 C 是所有维生素中最不稳定的一种,因此在烹调时宜短时间加热快速成菜,切忌加碱,烧煮好后立即食用,以免维生素 C 被破坏。

2）功能和缺乏症。维生素 C 参与机体重要的氧化还原过程,能保护酶的活性,维持细胞代谢的平衡,是人体代谢的必需物质；参与细胞间质的形成,维持牙齿、骨酪、血管、肌肉的正常发育和功能；促进伤口愈合；促进机体抗体形成,提高白细胞的吞噬作用；对铅、苯、砷等化学毒物和细菌毒素具有解毒作用,还可以阻断致癌物质亚硝胺的形成；对铁有还原作用,能将难以吸收的三价铁还原成二价铁,促进肠道内铁的吸收及血红蛋白的合成,有利于治疗缺铁性贫血。

维生素 C 缺乏的典型症状是坏血病。该病主要特征是多处出血,依次出现疲倦、虚弱、关节疼痛、牙龈出血、牙根炎及牙齿松动等症状,随后因毛细血管脆弱而引起皮下出血。小儿则出现发育迟缓、烦躁和消化不良,逐渐出现牙根萎缩、浮肿、多处出血以及骨骼脆弱、坏死等症状。预防坏血病的简易方法是每天进食富含抗坏血酸的新鲜水果和蔬菜。

3) 来源和供给量。维生素 C 广泛存在于新鲜蔬菜和水果中，特别是绿叶蔬菜和酸性水果中含量丰富，见表 2—13。水果中以鲜枣、山楂、柠檬、柑、橘、柚等含量最多。蔬菜含维生素 C 多的有：辣椒、菜花、苦瓜、雪里蕻、青蒜、甘蓝、油菜、芥菜、番茄等。谷类和干豆类不含维生素 C，但豆类发芽后如黄豆芽、绿豆芽中则含有维生素 C，是冬季和缺乏蔬菜地区的维生素 C 的来源。动物食品中一般不含维生素 C。

中国人膳食组成中蔬菜比重较大，抗坏血酸一般供给充足，故少见坏血病。中国营养学会 2000 年推荐维生素 C 的成年人摄入量为 100 mg/d。严重坏血病患者，可口服维生素 C 片剂。

表 2—13　　　　　常见食物每百克中维生素 C 的含量　　　　　单位：mg

食品名称	含量	食品名称	含量
鲜枣	243	柿子椒	72
沙田柚	23	绿柿子椒	144
山楂（鲜）	53	番茄	19
广柑	68	蒜苗	35
柑橘	33	韭菜	24
柠檬	22	苋菜	47
柿子	30	甘蓝	40
香菜	48	油菜	36
杏	4	大白菜	47
黄瓜	9	胡萝卜（红）	13
鸭梨	4	苦瓜	56
猕猴桃汁	150～400	冬瓜	18
西瓜	6	黄豆芽	8
绿豆芽	6	菠菜	82

六、矿物质和水

1. 矿物质

除碳、氢、氧和氮主要以有机化合物的形式存在外，其余各种元素，无论其存在形式如何，含量多少，统称矿物质（无机盐）。人体中几乎含有自然界存在的所有元素。人体内矿物质的总重量虽仅占人体体重的 4%，需要量也不及产热营养素那样多，但它们却是人体需要的一类重要营养素。

存在于人体内的矿物质有五十多种，其中有二十多种元素为人体所必需且含量较多（0.01%以上），如钙、镁、钾、钠、磷、硫等为主要元素，也称常量元素，其他如铁、锌、铜、锰、碘、硒、氟等含量少（0.01%以下），故称为微量元素。

矿物质的生理功能主要表现在构成身体组织与调节生理机能两个方面。矿物质是构成身体组织的重要组成部分，如钙、磷、镁是骨酪、牙齿的重要成分，铁是血红蛋白的主要成分，碘是甲状腺的重要成分。某些蛋白质含硫、磷，磷是神经、大脑磷脂的重要成分。矿物质（如钾、钠、钙、镁离子）能调节多种生理功能，如维持组织细胞的渗透压，调节体液的酸碱平衡，维持神经肌肉的兴奋性等。矿物质又是体内活性成分如酶、激素和抗体等的组成成分或激活剂。

由于新陈代谢，每天都有一定数量的矿物质通过各种途径排出体外，而矿物质又与产热营养素不同，在体内不能合成，因而必须通过膳食予以补充。矿物质广泛存在于动、植物食品中，故一般不易缺乏，但特殊生理条件下或膳食调配不当，或生活环境特殊等原因，则易造成缺乏。我国人民膳食中比较容易缺乏的矿物质主要有钙、铁、碘等。

(1) 钙

钙是构成骨酪和牙齿的主要成分。一般成年人体内含钙总量约为 1 200 g，其中 99% 集中在骨骼和牙齿中，另外 1% 的钙存于软组织、细胞外液和血液中。维持神经肌肉的正常兴奋和心跳规律是钙的另一重要作用，如血钙增高可抑制神经肌肉的兴奋；如血钙降低，则引起神经肌肉兴奋性增强，而导致手足抽搐（俗称抽风）。钙对体内多种酶有激活作用，还参与血凝过程和抑制毒物（如铅）的吸收。

人体内如果缺钙，儿童则会骨质生长不良和骨化不全患佝偻病，成年人则易患软骨病、易骨折，老年人表现为骨质疏松症。

钙是人体含量最多的一种无机盐，占人体总体重的 2%，但也是人体最容易缺乏的无机盐之一。我国人民膳食主要以粮食和蔬菜为主，尤其容易缺乏钙，因此必须注意膳食中钙的供给量和机体的吸收率。从营养学角度看，造成人体缺钙的原因，一是日常膳食中缺乏含钙较多食物的供给；二是特殊生理阶段，机体对钙的需要量增加而膳食供给不足；三是膳食或机体内存在某些影响钙吸收的因素。

影响钙吸收的因素很多，主要有以下几个方面需要注意：

1) 脂肪供给过多影响钙的吸收。因为由脂肪分解产生的脂肪酸在肠道未被吸收时与钙结合，形成皂钙，使钙吸收率降低。

2) 年龄和肠道状况与钙的吸收也有关系。钙的吸收，随年龄的增长而逐渐减少，所以老年人多有骨质疏松症，易骨折，骨折后也难愈合。腹泻和肠道蠕动太快，食物在肠道停留时间过短，也有碍于钙的吸收。

3）某些蔬菜中的草酸和谷类中的植酸分别能与钙形成不溶性的草酸钙和植酸钙，影响钙的吸收。含草酸较多的蔬菜有菠菜、茭白、竹笋、红苋菜、厚皮菜等，含植酸较多的谷类有荞麦、燕麦等。

4）膳食纤维与钙结合而降低了钙的吸收，故在强调每日膳食中应有一定数量的纤维素的同时，也应该注意不能过量。

5）食物中的维生素D、乳糖、蛋白质都能促进钙盐的溶解，有利于钙的吸收。

6）乳酸、醋酸、氨基酸等均能促进钙盐的溶解，有利于钙的吸收。醋能促进钙的溶解，如糖醋鱼、糖醋排骨等菜肴，均有利于钙吸收。

7）胆汁有利于钙的吸收。钙的吸收只限于水溶性的钙盐，但非水溶性的钙盐因胆汁作用可变为水溶性的，从而帮助钙的吸收。

膳食中钙因受上述因素的影响，故人体对钙的吸收率只有40%～50%，所以选配膳食时，要注意影响钙吸收的因素，多食用含钙丰富的食物。含钙丰富的食物见表2—14。

表2—14　　　　含钙丰富的食物（每百克食物所含钙的量）　　　　单位：mg

食物名称	含钙量	食物名称	含钙量	食物名称	含钙量
牛奶	104	虾米	555	芝麻酱	1 170
牛奶粉	676	河蟹	126	核桃仁	108
鸡蛋	44	大黄鱼（咸）	188	稻米（籼）	10
鸡蛋黄	112	小黄鱼（咸）	385	糯米（粳）	21
鸭蛋	62	带鱼	28	富强面粉	27
鹅蛋	34	海带（干）	875	大白菜	69
鹌鹑蛋	47	猪肉（瘦）	6	马铃薯	8
鸽蛋	108	黄豆	191	芹菜	48
虾皮	991	豆腐（南）	116	韭菜	105

钙的食物来源以奶制品最好，不仅含量丰富，而且利于吸收利用。除此之外，钙的来源是蔬菜和豆类，如甘蓝、青菜、大白菜、小白菜及豆制品，特别是芝麻酱、虾皮是较经济而有效的钙的来源。此外螃蟹、蛋类、核桃、红果、柑类、海带、紫菜等都含有丰富的钙。

一般成人每人每日通过膳食供给800 mg才能满足机体需要，特殊生理阶段需要供给更多的钙。10～12岁每日需钙量为1 000 mg，13～15岁每日需钙量为1 200 mg，孕妇每日需钙量为1 500 mg，乳母每日需钙量1 000～1 500 mg。单靠普通膳食难以满足每日对钙的需要量时，还应根据实际情况服用些钙制剂和鱼肝油予以补充。

(2) 铁

铁是人体所需要的重要的微量元素之一。成年人体内含铁为 4~5 g，主要存在于血红蛋白和肌红蛋白中，其余则主要以铁蛋白的形式储存于肝脏、脾脏和骨髓中。人体内各种形式的铁都与蛋白质结合，而没有游离的铁离子，这是生物体中铁不同于其他矿物质元素的一个特征。由于铁在食物中吸收率不高，易因缺乏引起缺铁性贫血，所以这种营养素受到广泛的重视和研究。

1) 铁的生理功能。铁在人体内主要功能是构成血红蛋白、肌红蛋白，参加氧的转运、交换和组织呼吸过程。血红蛋白的功能为携带氧和二氧化碳，把由肺吸收的氧运送到全身各种组织中，供细胞呼吸，又把细胞产生的二氧化碳运到肺部，排出体外。铁除参加血红蛋白、肌红蛋白的合成外，还与许多酶的活性有关。近期研究指出，铁还与能量代谢及免疫机能有关。

如果铁的摄入量不足，吸收利用不良时，将引起缺铁性贫血，缺铁性贫血属营养性贫血的一种类型。营养性贫血是世界性问题，发达国家或不发达国家均有发现，主要在幼儿、儿童、孕妇、乳母中发病率较高。轻度贫血患者，症状一般不明显；较重患者，皮肤与黏膜苍白，稍微活动即心跳、气急，还伴随头晕、眼花、耳鸣、记忆力差、四肢无力、食欲减退等症状；铁缺乏严重的，还能造成贫血性心脏病。

2) 铁的吸收和利用。影响铁吸收的相关因素如图 2—1 所示。

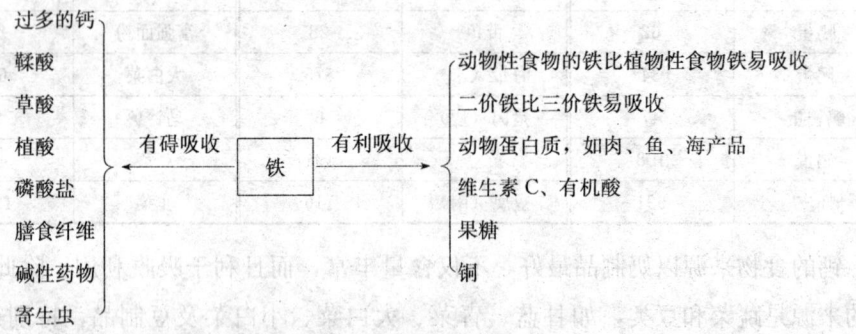

图 2—1 影响铁吸收的相关因素

我国人民膳食多以谷类、蔬菜为主，铁的吸收率低，容易引起缺铁。在膳食中适当增加动物性食品及含维生素 C 的食品，能促进铁的吸收利用，防止缺铁性贫血症的出现。为了有效预防铁的缺乏，配膳时要注意：

第一，增加铁的摄入量，尤其是铁吸收率低的食物与高吸收率的食物相配合。

第二，注意适当增加富含铁的动物性食物。

第三，与富含维生素C、果糖或柠檬酸的食物搭配食用。

第四，饭前饭后不宜饮茶，尤其是浓茶。

第五，炒菜宜用铁锅。

第六，积极治疗寄生虫病，注意改善胃肠功能。

3) 铁的食物来源。动物性食物以肝脏、瘦肉、蛋黄、鱼类及其他水产品中含量较多。植物性食品以豆类、硬果类、叶菜和山楂、草莓等水果中含量较多。此外，含铁量较多的食品有干制发菜、口蘑、干制黑木耳、干制紫菜、海米、蟹黄、银耳、莲子、糯米等，见表2—15。

表2—15　　含铁丰富的食物（每百克食物所含铁的量）　　单位：mg

食物名称	含铁量	食物名称	含铁量
猪肝	22.6	小米	5.1
黄豆	8.2	干酵母	18.2
排骨	1.3	黑豆	7
牛肝	6.6	大米	2.3
标准面粉	3.5	鸡血	25
羊肝	7.5	富强粉	2.7
鸡肝	9.6	干枣	2.3
蛋黄	6.5	葡萄（干）	9.1
瘦猪肉	1.6	杏仁	1.3
牛奶	0.3	核桃仁	2.7
黑芝麻	22.7	白果（干）	0.2
芝麻酱	9.8	莲子（干）	3.6
豇豆	0.5	松子仁	4.3
绿豆	6.5	蛋糕（烤）	2.5
花生仁（炒）	6.9	松茸（松口蘑）	86
花生仁（干）	8.1	芹菜	6.9

4) 铁的供给量。2000年中国营养学会推荐中国居民膳食铁的适宜摄入量（AI）成年男性为15 mg/d，成年女性为20 mg/d。单纯喂人乳和牛乳的婴幼儿，很容易发生缺铁性贫血，因人乳和牛乳含铁很少，吸收亦差，故对其应该补充含铁丰富的食物。

(3) 碘

成年人体内含碘15～20 mg，主要存于甲状腺中，其余的碘存在于血浆、肌肉、肾上腺和中枢神经系统等组织中。碘在体内含量虽然极少，但在机体的新陈代谢中却具有重要作用。

碘在人体内是合成甲状腺素的主要成分。甲状腺所分泌的甲状腺素对机体具有重要的生理作用。甲状腺素显著的作用是增加组织细胞的氧化率，增加氧的消耗和热量的产生，促进生长发育和蛋白质代谢。体内缺碘时，甲状腺素合成困难，血液中甲状腺素浓度下降，此时通过中枢神经系统的作用，垂体分泌出更多的甲状腺素来，使甲状腺细胞增生和肥大，民间常称此为"大脖子病"。我国西南、西北及山区人群因摄碘不足，极易引发地方性甲状腺肿及克汀病（呆小病）的流行。地方性甲状腺肿的症状，除甲状腺肿大外，还有心慌、气短、头痛、眩晕，劳动时还可加重，严重时发生全身性黏液性水肿。这种病还有明显的遗传倾向，严重缺碘的妇女所生下一代就会有呆小病，患者生长迟缓，发育不全，智力低下，聋哑痴呆。克汀病的主要症状是：痴、傻、呆、小、瘫。

人体所需要的碘，一般都从饮水、食物和食盐中获得。含碘高的食物主要有海带、紫菜、海蜇、海鱼、海虾、海盐、海蟹等。

采用食盐加碘预防甲状腺肿大是现今行之有效的办法之一，其比例为 10 万份食盐加碘化钾 1 份。但经常进食高碘饮食（每日碘摄入量大于 0.5 mg）也可导致高碘甲状腺肿。一般认为成年人每日摄入 150 μg 即能满足生理需要。孕妇每日需碘量为 175 μg，乳母每日需碘量为 200 μg。正在生长发育的青少年每日需碘量为 120～150 μg，但强体力劳动者每日供给量应该适当增加。在甲状腺肿流行地区的食物中补充碘的途径除前面所提到的在食盐中强化外，还可服用碘化物片或含碘糖果，在面包或饮用水中强化碘等。

(4) 硒

硒存在机体的多种功能蛋白、酶、肌肉细胞中，估计人体内硒的 1/3 存在肌肉尤其是心肌中。人体硒主要在小肠吸收，人体对食物中硒的吸收率为 60%～80%，代谢后大部分经肾脏由尿排出。

1) 生理功能。其主要功能是以谷胱甘肽过氧化物酶的形式发挥抗氧化作用，保护细胞膜和血红蛋白免受氧化、破坏。硒还有促进免疫球蛋白生成和保护吞噬细胞完整的作用。能预防克山病、大骨节病、肿瘤、心血管病、白内障，延缓衰老以及对提高自身免疫力有一定的效果。

2) 与硒有关的病症。克山病是一种在我国部分地区流行的以心肌坏死为特征的地方性心脏病。我国学者发现克山病的发病与硒的营养缺乏有关。补充一定量的硒能够治疗与预防克山病。近年我国在大骨节病的防治中观察到大骨节病也与缺硒有关。

近年还发现硒中毒现象。过多的硒会使人中毒，出现头发脱落，手指甲增厚、变脆、脱落等现象。

3) 供给量与食物来源。中国预防医学院经过8年研究证明：硒的最低需要量（以预防克山病为界限）为17 μg/d，硒的生理需要量为40 μg/d，硒的最高安全摄入量为400 μg/d，硒的界限中毒量为800 μg/d。中国营养学会提出的成年人推荐摄入量为50 μg/d，可耐受最高摄入量为400 μg/d。

食物中的硒的含量变化很大，主要与所在区域内土壤和水质的硒含量有关。通常海产品的硒含量较高，每百克鱿鱼、海参等含硒在100 μg，其他贝类、鱼类含硒为30～85 μg，谷物、畜禽肉为10～30 μg，蔬菜中大蒜含硒较丰富，其余蔬菜大多在3 μg以下。加硒食盐是低硒地区补硒的最长期、有效的方法。

(5) 锌

人体中锌主要存在于骨骼、皮肤和头发中。头发中含锌量一般可以反映膳食中锌的长期供给量。

锌参与许多酶的组成，并为酶的活性所必需。人体血红细胞运输二氧化碳，骨骼的正常骨化，蛋白质和核酸的合成与代谢，生殖器官的发育和功能，创伤和烧伤的愈合，良好的味觉能力等都需要锌。

锌缺乏的主要症状为食欲减退、生长迟缓、伤口愈合慢、味觉异常、毛发色素变淡、指甲有血斑等，病者往往有异常习惯，尤以吃土为常见。病人头发中锌的含量低于正常人。缺锌最常见的病因是膳食不平衡。锌缺乏可通过补充锌制剂得到改善。

我国营养学会推荐成年男性每日摄入量锌15 mg，成年女性为11.5 mg。动物性食品是锌的主要来源，如牛肉、猪肉、羊肉每千克含锌20～60 mg，鱼类和其他海产品含锌15 mg/kg以上。豆类和小麦虽然含锌量为15～20 mg/kg，但谷类经碾磨后，其可食部分的含锌量明显下降。此外，谷物中所含植酸盐与锌结合会使锌的利用率下降。蔬菜和水果中一般含锌很少。

2. 水

人对水的需要仅次于氧气，所以水是人体重要的组成部分，也是在人体中最多的一种化合物。水在人体内的含量随年龄、性别而异。新生儿体内水占体重的75%～80%，成年男性约为60%，成年女性约为50%。这种男女之间的差异，与体内脂肪含量的多少有关。水与生命活动息息相关，人体若损失水分10%时，许多正常的生理作用就会受到严重的影响；若体内损失水分超过20%时，人即无法生存。

(1) 水的生理功能

1) 水是构成人体组织细胞和体液的重要成分。成年人体重的2/3是由水组成的。血液、淋巴、脑、脊液含水量高达90%以上，肌肉、神经、内脏、细胞、结缔组织等含水60%～80%。

2) 水作为营养素的溶剂，有利于将营养素吸收和进行体内运输；水作为代谢物的溶剂，有利于将其及时排出体外。

3) 水的潜热大，可调节体温，使之保持恒定。

4) 水是关节、肌肉和体腔的润滑剂，可维持其功能正常进行。

(2) 水的代谢与平衡

人体在正常情况下，经皮肤、呼吸道以及尿和粪等都会有一定数量的水排出体外，因此应当补充相应数量的水。每人每天排出的水和摄入的水必须保持基本相等，这称为"水平衡"。

影响人体需水量的因素很多，如年龄、体重、气温、劳动及其持续时间等都会使人体需水量发生差异。一般成年人需水总量约为2 500 mL/天。当有口渴感时，需及时补充水分，即可维持体内代谢的正常进行。人体中水的来源有三个：三大营养素代谢中产生的水即代谢水、食物中含有的水和饮料水。代谢水及食物中水的变动较小，多以饮料水进行调节。饮料水以饮用到无口渴感为适量。

(3) 水的硬度与健康

水的硬度是指溶解在水中的无机盐的含量。通常根据硬度大小把水分成硬水和软水。水的硬度曾用德国度表示。1德国度表示水中的CaO的质量浓度为10 mg/L。现用mmol/L表示。我国规定水的总硬度不能超过8 mmol/L，对不习惯饮用硬水的人，水质过硬可影响胃肠的消化吸收，导致胃肠功能紊乱、消化不良、腹泻，但经过一段时间后，就会适应。所谓"水土不服"就是这个道理。用硬水烹调蔬菜和鱼肉，常不易煮熟而降低其营养价值。硬水煮粥饭不如软水可口，用硬水沏茶可改变茶叶色香味而降低其饮用价值。但并非水硬度越低越好，长期饮用软水的地区，心血管发病率均高于饮用硬水的地区。一般饮用水的适宜硬度为3.57～10.71 mmol/L。对于饮用软水的地区，人们可通过多吃一些含钙、镁丰富的食物等措施来弥补饮用水中矿物质的不足。

第2节 各类烹饪原料的营养

一、谷类的营养

1. 谷类的构造与营养素的分布

谷类食物主要来源于谷类植物的种子,各类谷物的种子都有相似的结构,其最外层是谷壳,谷粒去壳后即为谷皮、糊粉层、胚乳和胚芽等部分。

(1) 谷皮

谷皮为谷粒最外层覆膜,占谷粒的6%,主要由纤维素和半纤维素组成,含有一定量的蛋白质、脂肪和维生素,不含淀粉。

(2) 糊粉层

糊粉层位于谷皮下层,占谷粒的6%~7%,纤维素含量较多,蛋白质、脂肪、B族维生素和无机盐的含量也较高。此层营养素含量相对较高,但在碾磨加工时,容易与谷皮同时被分离下来而混入糠麸中,这对谷物的营养价值产生较大影响。因此,米面加工过细,可使大部分营养素损失。糙米即为带有糊粉层的米。

(3) 胚乳

胚乳为糊粉层所包裹部分,是谷粒的主要组成部分,约占谷粒质量的87%,大部分为淀粉,有一定量的蛋白质、脂肪、无机盐,维生素含量极少,这一部分容易被消化吸收。

(4) 胚芽

胚芽是种子发芽的部分,位于谷粒的一端,占全粒的2%~3%,富含蛋白质、脂肪、维生素和无机盐,其中维生素B_1和维生素E的含量特别丰富,其营养价值很高。胚芽质地松软而柔韧性强,所以不易被粉碎,在碾磨加工过程中容易与胚乳分离而混入糠麸中,造成营养的损失。

2. 谷类的营养价值

(1) 碳水化合物

碳水化合物主要为淀粉,含量可达70%以上。淀粉主要有直链淀粉和支链淀粉。糯米中的淀粉基本上都是支链淀粉,糊化后黏性较大,且难消化。而直链淀粉易溶于水,较黏稠,易消化。谷类淀粉是人类最经济最重要的能量来源,占人体总能量的 50%～70%。

(2) 蛋白质

谷类蛋白质的含量因品种、气候及加工方法的不同而有很大的差异，一般来说，蛋白质的含量为 7.5%～15%。谷类蛋白质中因必需的氨基酸组成不平衡，尤其是赖氨酸含量低，因而其蛋白质营养价值不高。但谷类在人类膳食中所占比例较大，所以也是膳食蛋白质的重要来源。

(3) 无机盐

谷类的无机盐主要在糊粉层、谷皮中，含量为 1.5%～3.0%，其主要成分为钙、铁，多以植酸盐的形式存在，因而不易消化吸收。

(4) 脂肪

谷类脂肪含量少，一般为 1%～2%，玉米、小麦胚芽含大量油脂，不饱和脂肪酸占 80%，具有降低胆固醇、防止动脉粥样硬化的作用。

(5) 维生素

谷类是膳食中 B 族维生素，尤其是维生素 B_1 的重要来源。因其主要分布在糊粉层和胚芽中，所以谷类的加工精度越高，维生素的损失越多。谷类不含维生素 C、维生素 D 和维生素 A，只有黄玉米和小米含有少量的类胡萝卜素。

3. 几种主要谷类的营养特点

(1) 玉米

玉米又称玉蜀米、苞米，为我国主要杂粮之一，每百克玉米提供热量 196 kcal，粗纤维 1.2 g，蛋白质 3.8 g，脂肪 2.3 g，碳水化合物 40.2 g，另含矿物质和维生素等。玉米中含有较多的粗纤维，比精米、精面高 4～10 倍。

玉米脂肪中含有 50% 以上的亚油酸、卵磷脂和维生素 E 等营养素，这些物质均具有降低胆固醇、防治高血压、冠心病、细胞衰老及脑功能退化等效果，并有抗血管硬化的作用。

(2) 小米

小米又名粟米，分粳、糯两种。每百克小米含蛋白质 9.7 g，比大米高，热量也超过大米，脂肪 1.7 g，碳水化合物 76.1 g，都不低于稻、麦。一般粮食中不含有胡萝卜素，但小米每百克含达 0.12 mg，而维生素 B_1 的含量位居所有粮食之首。小米蛋白质中的苏氨酸、蛋氨酸和色氨酸含量比一般粮食高，但赖氨酸含量低，故其蛋白质的生物价仅为 57。

(3) 燕麦

燕麦在谷物中蛋白质和脂肪的含量均居首位，八种必需氨基酸的含量基本上也居于首位。特别是具有益智与健骨功能的赖氨酸含量是大米和面粉的2倍以上；防止贫血和毛发脱落的色氨酸也高于大米和面粉；脂肪含量尤为丰富，并富含大量的不饱和脂肪酸，其中亚油酸含量占总脂肪的38.1%～52.0%，油酸占不饱和脂肪酸的30%～40%。此外，磷、铁、维生素B_2也较为丰富。燕麦还含有其他谷物粮食中所没有的皂甙，可与植物纤维结合，吸取胆汁酸，促使肝脏中的胆固醇转变为胆汁酸随粪便排出体外，间接降低血清胆固醇，故燕麦有保健食品的美誉。

(4) 甘薯

甘薯又称红薯、红苕、地瓜，其主要营养素为淀粉，还含蔗糖、麦芽糖、甘露糖等，故甘薯有甜味。甘薯中含有抑制癌细胞生长的抗癌物质和大量的植物性纤维，所以能预防便秘、肠癌，同时能减少热量的摄取，是减肥的最佳食品之一。甘薯含有的胶原及黏液多糖物质可以预防动脉血管硬化并保持血管弹性，排除多余的胆固醇，可降血压、抗衰老、提高免疫力。

(5) 荞麦

荞麦又名三角麦、乌麦等，主要产于西北、东北、华北、西南一带的高寒地区。荞麦的蛋白质含量为7.8%～10.8%，其中赖氨酸和精氨酸的含量比大米、面粉还要高；脂肪含量为1.5%～3.1%，其中对人体有益的油酸和亚麻酸含量较高。荞麦还含有其他粮食中很少有的"芦丁"，可降低人体血脂和胆固醇，对防治高血压和心血管疾病有帮助。荞麦中还含有糖类、钙、磷、铁及B族维生素、维生素E等和丰富的膳食纤维，对糖尿病有食疗作用。

4. 谷类的合理利用

首先，应提倡粮食的混合食用。各种谷类原料所含的营养素不完全相同，因此各种粮食的混合食用可使蛋白质互补。如小麦面粉的限制氨基酸为赖氨酸，燕麦和荞麦却含有丰富的赖氨酸，如果在日常膳食中将它们混合食用，则可使小麦面粉的蛋白质营养价值提高。

其次，应注意合理烹调。水溶性维生素及无机盐均易溶于水，因此淘米时要避免过分揉搓。要尽可能蒸饭及焖饭，捞饭会损失大量营养素，米汤及煮汤应尽量设法利用。另外，把适当的营养强化剂加到食品中可以弥补食物固有的不足，提高谷类营养价值。

二、豆类及其制品的营养

豆类是我国膳食中优质蛋白质的重要来源。按豆类的营养特点分为大豆和其他豆类。前者主要包括黄豆、黑豆和青豆，后者主要指豌豆、蚕豆、绿豆、小豆和芸豆等。

1. 豆类的营养特点

(1) 大豆的营养特点

1) 蛋白质。大豆中蛋白质含量为30%～40%，除蛋氨酸含量略低外，其他必需氨基酸的组成与比例符合人体的需要，是优质的植物蛋白质。

2) 脂类。脂肪含量为15%～20%，其中不饱和脂肪酸占85%，含有较多的卵磷脂，但不含胆固醇。大豆脂肪在体内的消化率可高达97.5%，是优质的植物油。

3) 碳水化合物。大豆中碳水化合物的含量为25%～30%，其中一半为人体不能吸收利用的膳食纤维。但这些物质能被体内肠道中的细菌发酵产生气体，而引起腹胀。

4) 无机盐与维生素。大豆中含有丰富的钙、磷、铁，由于抗营养因子的存在，而影响钙与铁的吸收利用。大豆中也含有比较多的维生素 B_1、维生素 B 和尼克酸等，还有一定量的维生素 E。

(2) 其他豆类的营养特点

豌豆、蚕豆、绿豆、小豆、芸豆、刀豆等其他豆类营养素的组成和含量与大豆类有着一定的差异。其蛋白质含量约为25%，低于大豆类。碳水化合物含量比较高，为50%～60%；脂类的含量不高，约为1%。但因其种类多、品种多，也是膳食中重要的一类食物。

2. 豆制品的营养特点

豆制品在加工过程中经过浸泡、加热、碾磨等工序，减少了大豆中的抗营养因子，提高了营养素的利用率。如干炒大豆，蛋白质的消化率只有50%左右，整粒煮食大豆也仅为60%，而制成各种豆制品，如豆腐、豆腐干等，其蛋白质的消化率可高达92%～95%。

大豆经浸泡和保温孵化后制成豆芽，在发芽过程中各种水解酶的作用使大分子物质或以复合物形式存在的各种营养素分解成可溶性小分子有机物，有利于人体吸收。这个过程尤其可以增加维生素C的含量，每百克豆芽中含5～10 mg 维生素C。在大豆发芽的过程中所含的酶还可使植酸降解，从而增加了钙、磷、铁的吸收和利用。此外，豆粒发芽能使棉子糖等不利于人体消化吸收的物质分解，消除其对人体产生的不良作用。

3. 豆类中的抗营养素

大豆中含有比较丰富的营养成分，但其中含有一些对人体健康不利的物质而影响大豆的营养价值。

(1) 胰蛋白酶抑制因子

大豆中含有多种胰蛋白酶抑制因子,能抑制胰蛋白酶、胃蛋白酶的活性,影响人体对蛋白质的消化吸收。

(2) 胀气因子

大豆中的膳食纤维主要有棉子糖、水苏糖,它们在肠道微生物作用下发酵产生二氧化碳、氢气等,从而引起胀气。

(3) 植酸

大豆中的植酸与锌、钙、镁、铁等结合而影响它们被人体消化吸收和利用。

(4) 植物红细胞凝血素

凝血素是一种能凝结人和动物血液的蛋白质,而胃蛋白酶容易使其失去活性。

(5) 豆腥味

大豆中含有1%～2%的脂肪氧化酶,能使不饱和脂肪酸氧化分解,产生小分子的醛、醇、酮等挥发性物质,而使豆类产生豆腥味和苦涩味。

4. 合理加工和食用豆类食物

(1) 煮熟后食用

大豆中含有的胰蛋白酶抑制因子、植物血凝素具有热不稳定性,加热后可破坏它们的活性。生大豆的细胞壁含有的纤维素,可阻止大豆蛋白与消化酶的接触而影响蛋白质的消化,煮熟大豆可使细胞壁的纤维素软化,容易消化吸收。

(2) 提倡混合膳食

大豆中蛋氨酸较低,谷类食物中含有丰富的蛋氨酸,而赖氨酸缺乏,如果将两种食物混合食用,则可起到蛋白质的互补作用,提高两种食物蛋白质的营养价值。如日常饮食中常用的赤豆粥、绿豆粥、豆沙包等。

三、蔬菜和水果的营养

蔬菜和水果是我国居民膳食的重要组成部分,它们含有人体需要的多种营养成分,是维生素、无机盐和膳食纤维的重要来源。

1. 蔬菜和水果的分类

蔬菜按食用部分的形态可分为根菜类(如萝卜、胡萝卜等),鲜豆类(如刀豆、蚕豆、豌豆等),茄果、瓜菜类(如番茄、青椒、茄子、黄瓜、苦瓜等),嫩茎、叶、花菜类(如莴笋、竹笋、菠菜、苋菜、花菜、黄花菜等),水生蔬菜类(如慈菇、藕、茭白等),薯芋类(如山芋、山药、土豆等),葱蒜类(如蒜、葱、韭菜等),野生蔬菜类(如香椿、苜蓿、蕨菜等)。

2. 蔬菜和水果的营养特点

（1）蛋白质与脂类

一般情况下，鲜豆类蛋白质含量略高一些，多数蔬菜水果的蛋白质含量均不超过2%，且水果中蛋白质的含量更低。蔬菜水果中脂肪的含量极少，不超过0.5%。

（2）碳水化合物

蔬菜和水果是碳水化合物的主要来源，但因品种不同而有较大的差别。根茎类蔬菜含有较多的淀粉，如土豆、山药、芋头等。而苹果、梨以含果糖为主，桃、李子、柑橘含蔗糖为主。叶菜中含有丰富的纤维素、半纤维素、木质素等膳食纤维，水果中还含有较多的果胶，虽然不能被人体吸收利用，但能促进胃肠道蠕动，调节消化道功能，对排出肠道内的代谢废物及有害物质有着重要的作用。

（3）维生素

新鲜蔬菜和水果是胡萝卜素、维生素C、维生素B_2及叶酸的主要来源。蔬菜中维生素C的含量与叶绿素分布相平衡，代谢旺盛的花、叶、茎等含量丰富，深色蔬菜含维生素C较多，叶菜中维生素C含量高于瓜果类。

新鲜水果以鲜枣、草莓、柑橘、猕猴桃中维生素C含量较为丰富，芒果、柑橘、杏等还含有较多的胡萝卜素。

（4）无机盐

蔬菜和水果是无机盐的重要来源，富含钙、磷、铁、钾、钠、镁、铜等多种元素。蔬菜和水果是钾、铁、钙的主要来源，通常为碱性食物。此外，水果中含有比较多的有机酸，如苹果酸、柠檬酸、酒石酸、琥珀酸等，这是水果特有的性质，对促进消化液的分泌，帮助食物的消化吸收有着重要的意义。

3. 蔬菜水果的抗营养因素

（1）皂角苷

皂角苷又称皂素，能与水生成溶胶溶液，搅动时会产生泡沫。皂角苷有溶血作用，主要存在于茄子、土豆等茄科植物中，多分布在表皮，虽然含量不高，但多食后会引起口腔、喉部瘙痒和灼热感。

（2）草酸

草酸几乎存在于所有的植物性食物中，能明显地抑制各种无机盐，特别是钙、铁、锌等的吸收。

（3）亚硝酸盐

一些蔬菜含有比较多的硝酸盐，在腐烂时容易形成亚硝酸盐，而新鲜蔬菜若存放在潮湿和温度过高的地方也容易产生亚硝酸盐，腌菜时放盐过少、腌制时间过短都可能产生亚硝酸盐,对人体的健康不利。

(4) 生物碱

鲜黄花菜中含有秋水仙碱,本身无毒,但经肠道吸后在体内可被氧化成二秋水仙碱,具有很强的毒性。

四、畜禽、水产类的营养

1. 畜禽肉类及其制品的营养特点

膳食中常用的肉类主要包括猪、牛、羊、鸡、鸭、鹅等畜禽的肌肉,肝、肾、胃等内脏及其制品。

(1) 肉类的营养特点

1) 蛋白质。鲜肉的蛋白质含量为10%~20%,主要为肌纤维蛋白、肌浆蛋白和结缔组织蛋白。牛、羊肉的蛋白质含量高于猪肉。肉类蛋白质中,含有人体需要的各种必需氨基酸,且各种必需氨基酸之间的数量比例符合人体的需要,所以其蛋白质营养价值高。但结缔组织含有丰富的胶原蛋白和弹性蛋白,缺乏色氨酸、蛋氨酸、酪氨酸等氨基酸,且不容易被消化,因此其蛋白质生物价较低,为不完全蛋白质。

2) 脂类。肉类中脂肪的含量为10%~30%,因品种不同而有较大的差异。猪肉中的脂肪含量高于牛肉和羊肉,但胆固醇含量与牛羊肉相近。畜肉中所含的脂肪主要为饱和脂肪酸,熔点高,不容易被人体消化吸收。禽肉中则含有较多的不饱和脂肪酸,如亚油酸,其熔点低,接近人体的体温而容易被消化吸收和利用。畜禽肉脂肪中含有少量的卵磷脂,胆固醇含量较高。动物脑组织及畜禽内脏中含有丰富的胆固醇。

3) 无机盐。肉类含有较多的无机盐,如磷、铁,但含钙量少,肉类还是锌、铜、锰、铁等微量元素的良好来源,而且容易被人体消化吸收,特别是铁。

4) 碳水化合物。肉类中含有少量的碳水化合物,主要为糖原、少量的葡萄糖和微量的果糖。动物宰杀后由于酶的分解作用,糖原的含量下降,乳酸含量增加。禽肉的碳水化合物含量与年龄有关,老禽肉的碳水化合物含量高于幼禽。

5) 含氮浸出物。肉类中含有较多含氮浸出物,包括肌酸、肌酐、肌肽、尿素、嘌呤碱等一类溶于水的含氮物质。它们能够增加肉香味,刺激胃液的分泌,促进人体的食欲。

(2) 肉制品的营养特点

肉类制品种类较多,其营养价值与鲜肉相近,但在加工过程中,会造成部分营养素损失、变性而影响其营养价值。如热加工使一部分维生素被破坏，温度过高或加热持续时间过长使蛋白质中的赖氨酸发生化学转化而降低其利用率。

2. 水产类的营养特点

水产类的种类繁多，主要包括鱼、虾、蟹及部分软体动物。因种类多，年龄、生长环境、捕捞时间及取样部分不同，其营养价值也存在着一定的差异。

（1）蛋白质

水产类蛋白质含量为18%～20%，所含的必需氨基酸的种类与数量均接近人体的需要，是人体优质蛋白质的重要来源。鱼肉结缔组织含量较少，肌纤维细短，水分含量较多，容易被人体消化吸收。

（2）脂类

水产类脂肪含量较低，一般为1%～3%，主要分布在皮下和内脏器官周围。鱼类脂肪中不饱和脂肪酸含量高，熔点低，容易被人体消化，且含有丰富的必需脂肪酸。鱼类中胆固醇含量不高，但虾籽、蟹黄中胆固醇含量较高。鱼脑、鱼卵中富含脑磷脂和卵磷脂，是构成神经组织的重要成分，对儿童、青少年的大脑发育和智力发展具有积极的促进作用。

（3）维生素

鱼类的肝脏中含有丰富的维生素A和维生素D，也是硫胺素的良好来源，但由于某些鱼类含有硫胺素分解酶，经加热后可破坏硫胺素的吸收。螃蟹、鳝鱼中含有较多的核黄素和尼克酸。

（4）无机盐

鱼肉中的无机盐含量为1%～2%，主要为磷，其次为钙、钠，还含有较多的钾、镁、铁、锌、硒。海产鱼中含有丰富的碘、钴。虾、蟹及贝类含有多种元素，如牡蛎富含锌、铜。

（5）含氮浸出物

鱼肉中含氮浸出物为2%～5%，主要为游离氨基酸、氧化三甲胺、肌酸、肌酐、肌肽、牛黄酸和尿素等。鱼被捕获后，氧化三甲胺在微生物的作用下生成三甲胺，这是引起鱼腥臭的主要原因。

五、蛋奶类及其制品的营养

膳食中的蛋类主要是指鸡、鸭、鹅、鹌鹑、鸽子等禽鸟的蛋，其中以鸡蛋产量大、食用广，是人们膳食中重要的一种食物。

各种禽蛋的结构相似，由蛋壳、蛋清和蛋黄组成。蛋黄和蛋清分别占总可食部分的 2/3 和 1/3。蛋壳质量占全蛋质量的 11%，蛋壳由碳酸钙、碳酸镁和蛋白质构成。

1. 蛋类的营养特点

（1）能量

蛋类中约有 1/4 的营养成分具有能量，主要是脂肪和蛋白质。其能量虽低于猪肉、禽肉，但高于牛肉（瘦）、羊肉（瘦）和乳类。

（2）蛋白质

蛋类中蛋白质的含量为 11%～14%，含有人体需要的全部必需氨基酸，且各种必需氨基酸的数量、比例接近人体的需要，容易被人体消化吸收和利用，是食物中最理想的天然优质蛋白质之一。因而在评价食物蛋白质的营养价值时，常以全蛋作为参考蛋白或标准蛋白。

（3）脂类

蛋类中脂肪的含量为 11%～15%，主要存在于蛋黄中，呈细小颗粒状，容易被消化吸收。脂肪中含有较多的不饱和脂肪酸，其中必需脂肪酸含量丰富。蛋黄中含有较高的卵磷脂和胆固醇。生蛋清中含有抗生物素和抗胰蛋白酶，前者可影响生物素的吸收，后者会抑制胰蛋白酶的活力，而影响蛋白质的消化。

（4）维生素和无机盐

蛋类中含有较多的维生素，主要在蛋黄中，有维生素 A、维生素 D、硫胺素、核黄素和尼克酸，但维生素 C 含量很少。蛋清中只有少量的核黄素。

蛋类中无机盐的含量约为 1.1%，主要是钙、磷、铁等元素，蛋黄中含有一定量的铁，但由于含有的卵黄磷蛋白可与铁结合而妨碍其吸收，吸收率约为 3%。

2. 蛋制品的营养特点

我国传统的蛋类加工食品主要有松花蛋、咸蛋、糟蛋等。蛋制品经过加工后具有特殊的风味，是膳食中常用的食品。蛋制品在营养成分上与鲜蛋类相似，但加工后的蛋白质更容易被消化吸收和利用。如松花蛋制作过程中加入的烧碱，能使蛋白质变性，易于消化，但加碱同时也破坏了蛋中的硫胺素。而糟蛋在加工过程中，因醋酸软化蛋壳，使蛋中的钙不仅含量增加而且容易被人体吸收利用。

3. 奶类的营养特点

膳食中的奶类主要有牛奶、羊奶、马奶等。牛奶是食用最为普遍的一种动物乳汁，特别适合母乳不足的婴幼儿、老年人、病人等。

（1）蛋白质

牛奶中蛋白质含量为 3%～3.5%，主要为酪蛋白、乳清蛋白、乳球蛋白，其必需氨基酸含量与组成符合人体的需要，因而利用率高，为优质蛋白质食物。因牛奶中蛋白质的含量比母乳高近3倍，且酪蛋白与乳清蛋白的构成比与母乳相比恰好相反，所以，一般可通过乳清蛋白来调整其构成比，使之近似母乳蛋白质的构成，从而满足婴幼儿生长发育的需要。

（2）脂类

牛奶中的脂肪又称乳脂，含量为3%～5%，以微粒状的脂肪球呈乳融状分布在乳浆中，含有较多的不饱和脂肪酸，容易消化吸收。此外，牛奶的脂类中还含有少量的卵磷脂和胆固醇。

（3）碳水化合物

牛奶中所含的碳水化合物主要为乳糖及少量的葡萄糖，含量低于母乳，可调节胃酸，促进消化腺分泌及胃肠道蠕动。乳糖能促进肠道内乳酸菌的生长繁殖而抑制腐败菌的生长，增加钙的吸收利用。有的人出生后膳食中长期缺乏奶类食物，随着年龄的增长，肠道内乳糖酶的活性降低，不能分解乳糖，食用牛奶后出现腹胀、腹痛、腹泻等症状，称为乳糖不耐症。

（4）维生素

牛奶中含有人体需要的多种维生素，脂溶性维生素有维生素A和维生素E，水溶性维生素有维生素B_1、维生素B_2、维生素B_6、维生素B_{12}和尼克酸等，其含量与饲养方式有关。奶中维生素D含量不高，但作为婴儿食品时可进行强化。

（5）无机盐

牛奶中的无机盐主要有钙、磷、钾、钠、硫等及铜、锌、铁等微量元素，其含量占牛奶的0.7%～0.75%，其中钙、磷尤其丰富，但铁含量低，为母乳的1/5，但能够被完全吸收。

4. 奶制品的营养特点

（1）奶粉

奶粉按其应用的目的可分为全脂奶粉、脱脂奶粉、调制奶粉等。奶粉的加工过程中须经过杀菌、浓缩、干燥等处理，因而对热不稳定的营养素会有不同程度的损失。脱脂奶粉脂肪的含量低，脂溶性维生素极少甚至完全没有。调制奶粉市场上主要是分段婴幼儿配方奶粉，以牛奶为基础，参照母乳的组成模式和特点，并在营养成分上进行调整和改善，满足婴幼儿的生理特点和需要。

（2）酸奶

酸奶是以鲜奶或脱脂奶为原料，经加热消毒，接种选定的细菌发酵而成。牛奶中的乳糖被发酵为乳酸和其他有机酸，蛋白质凝固，脂肪发生部分水解。发酵制品中的钙、磷、铁的吸收率较高，乳酸和其他有机酸可促进胃肠道蠕动。新鲜的酸奶还可改善乳糖不耐症者对乳糖的吸收。乳酸菌在肠道繁殖可抑制一些腐败菌的生长而起到调节肠道菌群的作用，防止腐败胺对人体产生的不良作用。

（3）炼乳

炼乳是一种浓缩的奶制品，按其在加工过程中是否加蔗糖分为甜炼乳和淡炼乳。甜炼乳是在鲜奶中加入大量的蔗糖，糖含量可达到40%以上，加水稀释后使蛋白质、维生素、脂类、无机盐等营养成分相对含量较低，不适合作为喂养婴幼儿的食品。淡炼乳是经均质化处理，在一定的压力和温度下浓缩而成的产品。因经高温杀菌，维生素B_1、赖氨酸等有少量损失。

第3节　营养平衡和科学膳食

一、膳食模式

1. 膳食模式的概念

膳食模式即膳食构成，是指人们摄入主要食物的种类和数量及其比例。它是膳食质量与营养水平的物质基础，也是衡量一个国家和地区工农业水平和国民经济发展水平的重要标志。

2. 膳食模式的分类

膳食模式受到经济收入、食物生产和消费状况、饮食习惯、营养知识的教育普及程度等因素的制约。而各个国家国情不同，膳食模式也有差异，按动、植物性食物在膳食中所占的比例，能量、蛋白质、脂肪和碳水化合物的摄入量，概括当今世界各国的膳食模式，大致分为三种类型。

（1）第一种类型

第一种类型是高热能、高脂肪、高蛋白的营养过剩型，以欧美发达国家的膳食为代表。这类膳食的构成特点是：谷物消费量少（人均每年60～70 kg），动物性食品及食糖消费量大（人均年消费肉类约100 kg），奶及奶制品为100～150 kg，蛋类约15 kg，食糖为40～60 kg）。

这种膳食的后果是肥胖病、高血压、冠心病、糖尿病及心血管和营养过剩方面的疾病发病率高。

(2) 第二种类型

第二种类型是以植物和动物类食品并重，该类型膳食热能、蛋白质、脂肪摄入基本符合营养标准，膳食构成较为合理，当今日本民众的膳食属于这种类型。

日本自 1960—1980 年 20 年间膳食构成的变化显示了三个特点：

1) 粮食消费量有所下降，但仍保持较多数量。1960—1980 年，日本人均谷物消费量由 149.6 kg 逐步减至 114 kg，下降了 23.8%。

2) 动物性食品消费量明显增长，动物性蛋白占总蛋白的 45%～50%，半数的蛋白为水产品蛋白，体现了日本膳食构成的优势。

3) 热能及脂肪的摄入低于欧美发达国家水平，而蛋白质的摄入则有大幅度提高。

(3) 第三种类型

第三种类型以植物性食物为主、动物性食物为辅，其特点是谷物消费量多（人均每年消费量 200 kg 左右），动物性食品消费量少（动物性蛋白只占蛋白质总量的 10%～20%，低者不足 10%）。植物性食品消费最多（其热量占总热能近 90%），热能基本可满足人体需要，但是蛋白质、脂肪摄入量均明显偏低，尤其是来自动物性食物的营养不足。这种膳食构成以发展中国家和地区为代表，这种膳食的后果是容易因缺乏蛋白质、含热能物质而造成营养不良。

二、平衡膳食

1. 平衡膳食的概念

平衡膳食，又称合理膳食、健康膳食，是指能使营养的需要与供给之间保持平衡状态，热量及各种营养素满足人体生长发育和各种生理及体力活动的需要，且各种营养素之间保持适宜比例关系的膳食。

要达到平衡膳食必须同时在四个方面使膳食营养供给与机体生理需要之间建立平衡关系。这四个平衡关系是：各氨基酸之间的平衡、热量营养素构成平衡、酸碱平衡及各种营养素摄入量之间平衡。只有这样才有利于营养素的吸收和利用。

2. 平衡膳食的要求

要做到平衡膳食，就要达到七个方面的指标，即摄入量充足、品种多样，热量食物来源构成合理，热量营养素摄入量比值合理，热量营养素提供热量结构合理，蛋白质食物来源组成合理，脂肪食物来源组成合理以及各种营养素摄入量均达到供给量标准。下面分别加以说明：

(1) 膳食摄入量充足、品种多样

人体需要四十多种营养物质，没有一种天然食物能满足人体所需的全部营养，因此膳食必须由多种食物组成。根据食物的营养特点，可将其分为以下五大类：

第一类为谷类、薯类等，主要提供糖类、蛋白质和B族维生素，也是我国人民主要热量与蛋白质来源。

第二类为动物性食品，包括肉、禽、蛋、鱼、奶等，主要提供蛋白质、脂肪、矿物质、维生素A和B族维生素。

第三类为大豆及大豆制品，主要提供蛋白质、脂肪、矿物质和B族维生素、食物纤维。

第四类为蔬菜、水果，主要提供矿物质、维生素C、胡萝卜素和膳食纤维。

第五类为纯热能食品，包括动植物油脂、各种食用糖和油脂类，主要提供热能。

这五大类食物均应适量摄取、合理搭配。至于每种食物在膳食中所占的比例，应根据不同人的身体状况及需要量来决定。在正常情况下，动物性食品及纯热能食物不宜摄入过多，店售的零食，如面包、饼干、巧克力等多为纯热能食物，因此不应提倡儿童多吃零食。

一般轻体力劳动者，每日摄入约20种各类食物，大约1 500 g左右，基本能保证平衡膳食的要求。

(2) 热量食物来源构成合理

膳食中的热量主要来自四类食物，对它们的组成结构建议如下：

粮谷类食物提供热量：60%～70%；

薯类食物提供热量：5%～10%；

豆类食物提供热量：5%；

动物性食物提供热量：20%～25%。

其中，豆类及动物性食物所提供的热量要保证在30%左右。

(3) 热量营养素摄入量比值合理

碳水化合物、脂肪、蛋白质三种营养素称为热量营养素，在膳食中，三者的摄入量只有保持合理的比值，才能组成合理的热量分配。碳水化合物、蛋白质、脂肪三者摄入量的比值建议为：碳水化合物：蛋白质：脂肪＝6.5：1：0.7。

(4) 热量结构合理

1) 三种产热营养素所提供的热量比例建议为：

碳水化合物提供热量：55%～65%；

脂肪提供热量：20%~30%；
蛋白质提供热量：10%~15%。

2) 三餐热量比例建议为：

	碳水化合物	脂肪	蛋白质
早餐	30%	30%	27%
午餐	45%~50%	40%	37%
晚餐	20%~25%	30%	27%
夜宵	0	0	9%

(5) 蛋白质食物来源组成合理

植物性蛋白质约占：70% $\begin{cases} 谷类：50\% \\ 蔬果类：20\% \end{cases}$；

动物性蛋白质约占：25%；

豆类蛋白质约占：5%。

其中，动物性及豆类蛋白质称为优质蛋白质，两者之和应占30%。

(6) 脂肪食物来源组成合理

脂肪应以植物油为主，减少动物脂肪，维持合理的比例，脂肪中饱和脂肪酸、单不饱和脂肪酸、多不饱和脂肪酸的比例为1∶1∶1。

植物性脂肪约占：60%；

动物性脂肪约占：40%。

其中，饱和脂肪酸所产的热量应占总热量的10%以下。

(7) 各种营养素的摄入量均达到供给量标准

不同人群，各种营养素的供给量标准不同，每日各种营养素的摄入量，在一个周期内（5~7天）能平均达到标准供给量上下误差不超过10%即可。

膳食中钙磷比例需适当，儿童为2∶1或1∶1，成年人为1∶1或1∶2，必需微量元素之间的比例应重视，维生素要按供给量标准配膳。

供给量标准应参照2000年9月修改的DRI表，如果DRI表未修改的，可继续参照1988年制定的RDA表。

第4节 中国居民膳食指南的应用

一、中国居民膳食指南

1. 膳食指南的概念和意义

膳食指南是营养工作者根据营养学原理,提出一组以食物为基础的建议性意见,以指导人民合理选择与搭配食物。它倡导平衡膳食、合理营养,以减少与膳食有关的疾病,促进健康。

膳食指南的意义在于通过指导大众合理用餐,预防相关疾病,防止营养缺乏病,促进健康,以营养指导消费,以消费指导工农业生产,从而保证充足的食物供应。

2. 中国居民膳食指南的内容

中国营养学会于1989年10月制定了我国居民膳食指南,在1997年4月对1989年的膳食指南进行了修改,2007年根据居民的生活方式和膳食结构的改善又再次修改了中国居民膳食指南。

2007年,中国营养学会根据2002年中国居民营养与健康调查结果,针对内地居民生活方式及膳食结构发生的重要变化和肥胖、高血压、糖尿病、血脂异常等相关慢性非传染性疾病患病率增加,提出指南主体框架,由一般人群膳食指南、特定人群膳食指南和平衡膳食宝塔三部分组成。

一般人群膳食指南共有十条,适合于6岁以上的正常人群。这十条是:

(1) 食物多样,谷类为主,粗细搭配

通过2002年中国居民营养与健康调查显示,目前中国居民谷物、薯类消费分别下降11%和49%。建议每天最好吃50~100 g粗粮、杂粮和全谷类食物。

(2) 多吃蔬菜水果和薯类

蔬菜、水果中含有丰富的维生素、矿物质和膳食纤维,有利于保持心血管的健康。近10年来,人们食用薯类较少,薯类含有较丰富的淀粉、膳食纤维以及多种维生素和矿物质,建议每周吃5次薯类,每次50~100 g。

(3) 每天摄取奶类、大豆或其制品

建议每天喝奶300 g,要少量多次。对乳糖不耐受者可首选低乳糖奶及奶制品,如酸奶、奶酪、低乳糖奶。选用部分豆类食物取代动物性食物。

（4）常吃适量的鱼、禽、蛋和瘦肉

鱼、禽、蛋、瘦肉等动物性食物是优质蛋白质、脂溶性维生素和矿物质的良好来源，与谷类或豆类食物搭配食用，可明显发挥蛋白质互补作用。建议动物性食物首选鱼，猪肉提倡吃瘦肉。

（5）减少烹调油用量，吃清淡少盐膳食

2002年中国居民营养与健康调查结果显示，我国城乡居民平均每天摄入烹调油 42 g，远高于1997年的膳食指南建议的 25 g。不合理的摄入量间接导致了肥胖人群和高血压人群的增长，因此"减少烹调油用量"非常必要。

（6）食不过量，天天运动，保持健康体重

每顿不要吃到十成饱。每天要进行累计相当于步行 6 000 步以上的身体活动。

（7）三餐分配要合理，零食要适当

一般早、中、晚餐的能量分别占能量的 30%、40%、30% 为宜。建议零食可在两餐之间食用，要选择富有营养的食品，如牛奶、酸奶、水果、蛋糕、肉松、牛肉干和干果等。

（8）每天足量饮水，合理选择饮料

建议早起、睡前各一杯白开水，少喝含糖饮料。

（9）饮酒应适量

酒精肝、酒精中毒、酒精性脂肪肝、酒精性肝硬化都与酒有关。成年男性一天饮用酒的酒精量不超过 25 g，相当于啤酒 750 mL，葡萄酒 250 mL；成年女性一天不超过 15 g，相当于啤酒 450 mL，葡萄酒 150 mL。

（10）吃新鲜卫生的食物

在选购食物时，要选择外观好，没有污泥、杂质，没有变色、变味并符合卫生标准的食物。注意别把冰箱变成"保险箱"。

二、中国居民平衡膳食宝塔

1. 中国居民平衡膳食宝塔的内容

中国居民平衡膳食宝塔是根据中国居民膳食指南结合中国居民的膳食结构特点设计的。它把平衡膳食的原则转化成各类食物的重量，并以直观的宝塔形式表现出来，便于群众理解和在日常生活中实行。

2007年中国居民膳食指南中的平衡膳食宝塔共分五层，包含每天应摄入的主要食物种类。膳食宝塔利用各层位置和面积的不同反映了各类食物在膳食中的地位和应占的比重。

谷类薯类及杂豆食物位居底层，每人每天应摄入 250～400 g；

蔬菜和水果居第二层，每天应摄入 300～500 g 和 200～400 g；

鱼、禽、肉、蛋等动物性食物位于第三层，每天应摄入 125～225 g（鱼虾类 50～100 g，畜禽肉 50～75 g，蛋类 25～50 g）；

奶类、大豆及坚果类食物居第四层，每天应吃相当于鲜奶 300 g 的奶类及奶制品和相当于干豆 30～50 g 的大豆及制品。

第五层塔顶是烹调油和食盐，每天烹调油不超过 25 g 或 30 g，食盐不超过 6 g。

中国居民新平衡膳食宝塔如图 2—2 所示。

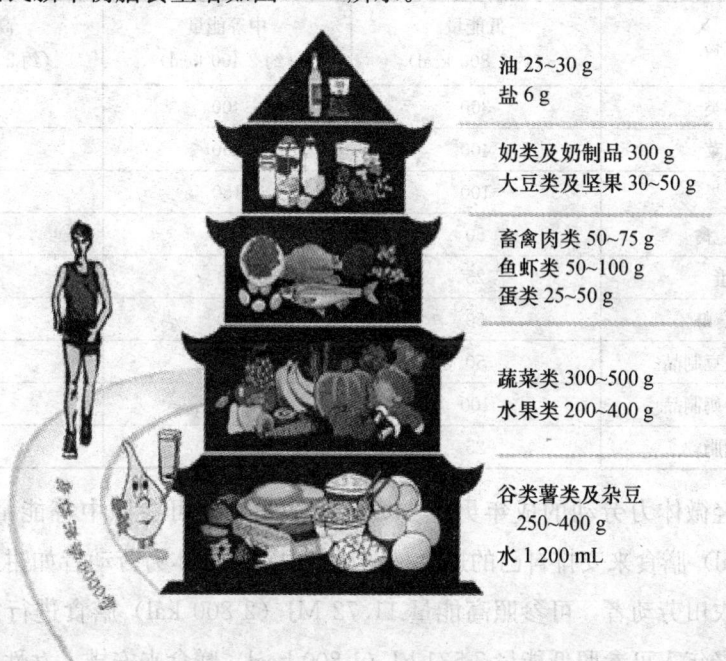

图 2—2 中国居民新平衡膳食宝塔

新膳食宝塔增加了水和身体活动的内容，强调足量饮水和增加身体活动的重要性。水是膳食的重要组成部分，是一切生命必需的物质，其需求量主要受年龄、环境温度、身体活动等因素影响。在温和气候条件下生活的轻体力活动的成年人每日至少饮水 1 200 mL（约 6 杯）；在高温或强体力劳动条件下应适当增加。饮水不足或过多都会对人体健康带来危害。饮水应少量多次，要主动，不应感到口渴时再喝水。目前我国大多数成年人身体活动不足或缺乏体育锻炼，应改变久坐少动的不良生活方式，养成天天运动的习惯，坚持每天多做一些消耗体力的活动。建议成年人每天进行累计相当于步行 6 000 步以上的身体活动,如果身体条件允许,最好进行 30 分钟中等强度的运动。

2. 中国居民平衡膳食宝塔的应用

(1) 确定自己的食物需求

宝塔建议的每人每日各类食物适宜摄入量范围适用于一般健康成年人,应用时要根据个人年龄、性别、身高、体重、劳动强度、季节等情况适当调整。年轻人、劳动强度大的人需要能量高,应适当多吃些主食;年老、活动少的人需要能量少,可少吃些主食。表 2—16 列出了三个能量水平的各类食物的参考摄入量。

表 2—16　　　平衡膳食宝塔建议的不同能量的各类食物参考摄入量　　　单位:g/d

食物	低能量 (约 1 800 kcal)	中等能量 (约 2 400 kcal)	高能量 (约 2 800 kcal)
谷类	300	400	500
蔬菜	400	450	500
水果	100	150	200
肉、禽	50	75	100
蛋	25	40	50
鱼、虾	50	50	50
豆类及豆制品	50	50	50
奶类及奶制品	100	100	100
油脂	25	25	25

从事轻微体力劳动的成年男性如办公室职员等,可参照中等能量 10.04 MJ(2 400 kcal)膳食来安排自己的进食量;从事中等强度体力劳动者如钳工、卡车司机和一般农田劳动者,可参照高能量 11.72 MJ(2 800 kal)膳食进行安排;不参加劳动的老年人可参照低能量 7 531 kJ(1 800 kcal)膳食来安排。女性一般比男性的食量小,因为女性体重较轻,身体构成与男性不同。女性需要的能量往往比从事同等劳动的男性低 836.8 kJ(200 kcal)或更多些。一般说来,人们的进食量可自动调节,当一个人的食欲得到满足时,他对能量的需要也就会得到满足。

平衡膳食宝塔建议的各类食物摄入量是一个平均值和比例。每日膳食中应当包含宝塔中的各类食物,各类食物的比例也应基本与膳食宝塔一致。日常生活无须每天都样样照着"宝塔"推荐量吃。例如烧鱼比较麻烦就不一定每天都吃 50 g 鱼,可以改成每周吃 2~3 次鱼、每次 150~200 g 较为切实可行。实际上平日喜欢吃鱼的多吃些鱼、愿吃鸡的多吃些鸡都无妨碍,重要的是一定要经常遵循宝塔各层各类食物的大体比例。

(2) 同类互换，调配丰富多彩的膳食

人们吃多种多样的食物不仅是为了获得均衡的营养，也是为了使饮食更加丰富多彩以满足人们的口味享受。假如人们每天都吃同样的肉 50 g、豆 40 g，难免久食生厌，那么合理营养也就无从谈起了。宝塔包含的每一类食物中都有许多的品种，虽然每种食物都与另一种不完全相同，但同一类中各种食物所含营养成分往往大体上近似，在膳食中可以互相替换。

应用平衡膳食宝塔应当把营养与美味结合起来，按照同类互换、多种多样的原则调配一日三餐。同类互换就是以粮换粮、以豆换豆、以肉换肉。例如大米可与面粉或杂粮互换，馒头可以和相应量的面条、烙饼、面包等互换，大豆可与相当量的豆制品或杂豆类互换，瘦猪肉可与等量的鸡、鸭、牛、羊、兔肉互换，鱼可与虾、蟹等水产品互换，牛奶可与羊奶、酸奶、奶粉或奶酪等互换。

多种多样就是选用品种、形态、颜色、口感多样的食物，变换烹调方法。例如每日吃 50 g 豆类及豆制品，掌握了同类互换多种多样的原则就可以变换出数十种吃法。可以全量互换，全换成相当量的豆浆或熏干，今天喝豆浆，明天吃熏干；也可以分量互换，如 1/3 换豆浆、1/3 换腐竹、1/3 换豆腐，早餐喝豆浆、中餐吃凉拌腐竹、晚餐再喝碗酸辣豆腐汤。表 2—17 至表 2—20 分别列举了几类常见食物的互换表供参考。

表 2—17　　谷类食物互换表（相当于 100 g 米、面的谷类食物）

食物名称	质量（g）	食物名称	质量（g）
大米、糯米、小米	100	烧饼	140
富强粉、标准粉	100	烙饼	150
玉米面、玉米糁	100	馒头、花卷	160
挂面	100	窝头	140
面条（切面）	120	鲜玉米（市品）	750~800
面包	120~140	饼干	100

表 2—18　　豆类食物互换表（相当于 40 g 大豆的谷类食物）

食物名称	质量（g）	食物名称	质量（g）
大豆（黄豆）	40	豆腐干、熏干、豆腐泡	80
腐竹	35	素肝尖、素鸡、素火腿	80
豆粉	40	素什锦	100
青豆、黑豆	40	北豆腐	120~160

续表

食物名称	质量（g）	食物名称	质量（g）
膨化豆粕（大豆蛋白）	40	南豆腐	200～240
五香豆豉、千张、豆腐丝（油）	60	内酯豆腐（盒装）	280
蚕豆（炸、烤）	50	豆奶、酸豆奶	600～640
豌豆、绿豆、芸豆	65	豆浆	640～800
豇豆、红小豆	70		

表 2—19　乳类食物互换表（相当于 100 g 鲜牛奶的乳类食物）

食物名称	质量（g）	食物名称	质量（g）
鲜牛奶	100	酸奶	100
速溶全脂奶粉	13～15	奶酪	12
速溶脱脂奶粉	13～15	奶片	25
蒸发淡奶	50	乳饮料	300
炼乳（罐头、甜）	40		

表 2—20　肉类食物互换表（相当于 100 g 生肉的肉类食物）

食物名称	质量（g）	食物名称	质量（g）
瘦猪肉	100	瘦牛肉	100
猪肉松	50	酱牛肉	65
叉烧肉	80	牛肉干	45
香肠	85	瘦羊肉	100
大腊肠	160	酱羊肉	80
蛋清肠	160	兔肉	100
大肉肠	170	鸡肉	100
小红肠	170	鸡翅	160
小泥肠	180	白条鸡	150
猪排骨	160～170	酱鸭	100
鸭肉	100	盐水鸭	110

（3）要合理分配三餐食量

我国多数地区居民习惯于一日三餐。三餐食物量的分配及间隔时间应与作息时间和劳动状况相匹配，一般早、晚餐各占 30％，午餐占 40％为宜，特殊情况可适当调整。通常上午的工作学习都比较紧张，营养不足会影响工作学习效率，所以早餐应当吃好。早餐除主食外，至少应包括奶、豆、蛋、肉中的一种，并搭配适量蔬菜或水果。

(4) 因地制宜充分利用当地资源

我国幅员辽阔，各地的饮食习惯及物产不尽相同，只有因地制宜充分利用当地资源才能有效地应用平衡膳食宝塔。例如牧区奶类资源丰富，可适当提高奶类摄取量；渔区可适当提高鱼及其他水产品摄取量；农村山区则可利用山羊奶以及花生、瓜子、核桃、榛子等资源。在某些情况下，由于地域、经济或物产所限无法同类互换时，也可以暂用豆类替代乳类、肉类，或用蛋类替代鱼、肉，不得已时也可用花生、瓜子、榛子、核桃等干坚果替代肉、鱼、奶等动物性食物。

(5) 要养成习惯，长期坚持

膳食对健康的影响是长期的结果。应用平衡膳食宝塔需要养成习惯，并坚持不懈，才能充分体现其对健康的重大促进作用。

第3章
饮食安全知识

第1节 食品污染

食品污染是指危害人体健康的有害物质进入正常食物的过程。这些有害物质来源广泛，成分复杂。食品中的主要污染物，按其性质不同，可分为生物性污染、化学性污染、放射性污染。

一、食品污染的种类

1. 生物性污染

（1）微生物污染

污染食品的微生物包括细菌及细菌毒素、霉菌及霉菌毒素以及病毒。其中，细菌主要有沙门氏菌、志贺氏菌、致病大肠杆菌、葡萄球菌、肉毒梭菌、副溶血性弧菌等。这些细菌主要来自病人、病畜及带菌者，可通过餐具、空气、水、土壤、患者的手等途径污染食品。霉菌在自然界中分布极其广泛，可通过农作物、空气、土壤、容器等污染食品。病毒一般只能在活细胞内繁殖，故不容易在食品中繁殖。但肝炎病毒在一定程度上可通过食品传播。

微生物污染食品后，在适宜的温度、湿度等条件下，可在较短的时间内大量繁殖，某些细菌或霉菌还会产生毒素，从而导致食品腐败、霉烂变质，失去食用及营养价值。

（2）寄生虫及虫卵污染

寄生虫污染食品的方式有两种：一是寄生虫在非固定的食物上附着，摄入该食物即可能患病，例如蛔虫卵对蔬菜的污染，肝吸虫对淡水鱼、虾的污染等；二是在寄生虫的生活史上，食物作为固定的宿主，只有当人们食用了这种固定的食物后，才有可能患病，例如猪肉绦虫对猪肉的污染。

污染食品的寄生虫主要有：带绦虫、囊尾蚴（猪肉绦虫的幼虫）、旋毛虫、蛔虫、肺吸虫、肝吸虫、蛲虫等。这些寄生虫主要通过病人、病畜的粪便，经水、土壤污染食品或直接污染食品。

（3）昆虫污染

污染食品的昆虫主要有苍蝇、蟑螂、甲虫、蚂蚁等。这些昆虫会因带有细菌、病毒而污染食品，另外，昆虫及虫卵也会降低食品的感官质量。

2. 化学性污染

（1）工业"三废"污染

工业生产排放的未经处理的废气、废水、废渣，直接或间接地污染了食品，主要污染物有汞、镉、砷、铅、铬等。

（2）化学农药污染

如果长期、大量地使用农药，特别是使用有效期长、毒性强的农药，可造成环境和食品的污染。

（3）食品添加剂污染

绝大多数食品添加剂不具有任何营养价值，某些食品添加剂如合成食用色素、防腐剂、发色剂、抗氧化剂等还具有低毒性或毒性，不能多用或不适合使用。有些食品添加剂本身纯度不高，混有少量有毒有害物质，长期或经常性地使用这类食品添加剂，对人体健康会带来严重的危害。

（4）食品容器、设备、包装材料对食品的污染

食品的包装材料及容器如果质量低劣或使用不当，可致使其中的一些不稳定的有害物质被溶解出来而污染食品。例如，塑料制品中的材料单体、增塑剂、防老剂，油墨中的多氯联苯，陶瓷釉彩中的铅，石蜡中的苯并芘等有害物质都可因器具的不当使用而被溶解出，污染食品。

3. 放射性污染

食品的放射性污染主要有四个方面的来源：

（1）大气中进行的核爆炸；

（2）放射性物质的开采与冶炼；

（3）核废物排放不当；

（4）意外的核泄漏。

具有放射性的物质会造成环境污染，直接或间接污染食品，人食用后可引起畸变和癌变。

二、食品污染的途径

食品被污染的途径，主要有以下两个方面：

1. 食品直接或间接受到污染

由于食品生产加工过程中，食品环境、加工人员、水、容器和包装材料等直接或间接接触，导致食品中的污染物质增加。多数食品是通过这一途径受到污染。

2. 通过食物链途径污染

食物链是生物群落中各种动植物和微生物由低级到高级顺次作为食物而联结起来的一个生态链条。污染物质沿着食物链由低等生物向高等生物迁移，而人类的许多食物位于食物链的末端，通过摄食，这类污染物最终进入人体内。

举例：

食物链途径 富集作用	DDT 浓度（mg/kg）
水	3×10^{-5}
⇩	
浮游生物	3×10^{-3}
⇩	
食草性鱼类	0.5
⇩	
食肉性鱼类	20
⇩	
食鱼性鸟类	25
⇩	
人类	

从上例可以看出 DDT 农药经过生物富集作用，最终在水鸟体内高达 25 mg/kg，比水中含量提高了 80 万倍以上。故即使轻微的环境污染也会对生物和人类带来严重的危害。许多化学性污染物质主要通过食物链方式污染食品。

三、食品污染对人体健康的危害

食品污染对人体健康的危害，因污染源和污染物的种类、性质、污染程度以及受害者的健康生理状态等因素的不同而各异。通常受污染食品对人体有以下危害：

1. 急性中毒

食品被大量的病原微生物及其产生的毒素或化学性物质污染，导致人们摄食后所引起的以急性过程或亚急性过程为主的疾病称为急性中毒。由食品污染所引起的急性中毒称为食物中毒。

2. 慢性中毒

凡是长期摄入含较少量有害物质污染的食品后引起的，以慢性过程为主的疾病，称为慢性中毒。食品污染导致的慢性中毒的潜伏期长短不一，有几个月、几年甚至几十年的。慢性中毒不易被及早发现，开始并无异常表现，中毒症状由轻到重，进展缓慢，病因也较难追查清楚，到病情较重时发现则难以治疗，所以潜在危害性更大。

3. 致畸形作用

某些食品中的污染物通过母体作用于胚胎，使胚胎细胞分化和器官形成不能正常进行，以致出现器官性缺陷，造成新生儿形态结构的异常，即畸胎。引起致畸的物质有黄曲霉毒素 B_1 及 DDT、西维因等。

4. 致突变作用

食品中的某些污染物能引起人体或动物体生殖细胞或体细胞的突变，造成细胞生活能力减弱，胚胎早期死亡，后代出现畸形。

5. 致癌作用

某些食品中的污染物进入人体后，可引起人类恶性肿瘤的发生。据调查，男性肿瘤的 1/3 与饮食有关，女性肿瘤的 1/2 与饮食有关。可引起人类癌症的物质有多环芳烃、芳香胺类、氯胺类、N-亚硝基化合物、黄曲霉毒素等。

四、食品污染的预防

1. 控制环境污染

随着我国经济的高速发展，环境也日益恶化起来，尤其是工业的"三废"、机动车尾气和生活污水等的无序排放，造成海洋、淡水源、空气及土壤都不同程度地遭受污染，严重破坏了生态环境，对食品的卫生质量影响极大。

控制环境污染，首先就要加强对工业"三废"的管理。这一点我国现在越来越重视，正在一步一步地解决。比如前几年，整顿直接排放生产污水的工厂，关闭了许多小型的造纸厂。对机动车的尾气排放也制定了达标标准，要求使用无铅汽油及柴油等。

对于生活污水，每个城市应建立一些污水处理系统，将污水集中处理，并及时清理河道，防止各种有害生物的大量繁殖传播。

2. 加强化学农药的生产和管理

我国发展化学农药的方针是"高效、安全、经济"，即农药对防治病虫害的效果要好，对人、畜的毒性要低，使用后在粮油作物、蔬菜和水果上的残留量要少，对环境污染要轻。

3. 注意食品的保藏

采取适当的保藏方法可有效地防止食品腐败、霉烂及虫、鼠害。通常采用的食品保藏法主要有低温储藏法、高温储藏法、干燥脱水储藏法、盐腌和糖渍储藏法、酸渍法、电离辐射储藏法、防腐处理保藏法。这些方法多是通过控制温度、湿度等条件限制腐败菌、霉菌的生长繁殖，从而防止食品腐败霉变，延长食品的保存期。

4. 严禁滥用食品添加剂

食品添加剂的使用可改善食品的色、香、味、形、质，具有防腐和简化加工工艺等作用，但若使用不当，可对人体造成危害。国家对食品添加剂的使用有严格的要求：

(1) 要经过"食品安全性毒理学评价"，在规定的剂量范围内可终身食用，对人无害。

(2) 食用后，经过代谢能被降解，或不能被消化吸收，以原体的形式从粪便及尿液中排出。

(3) 经过加工、烹调或贮藏后，能被破坏或排除。

(4) 有严格的卫生标准和质量标准。

(5) 不能用于掩盖或伪造食品。

(6) 不影响食品的感官等理化性质。

(7) 其他。

我国还规定：

1) 鉴于有些食品添加剂具有毒性，应尽可能不用或少用，必须使用时，应严格控制使用范围和使用量。

2) 专供婴儿的主辅食品除按规定可加入强化剂外，不得加入人工甜味剂、色素、香精、谷氨酸钠及不适宜的添加剂。

3) 不得以掩盖食品腐败变质或伪造、掺假为目的而使用食品添加剂，不得任意夸大或虚假宣传。

第2节 食品腐败变质及其控制

一、食品腐败变质的概念

食品在一定的环境因素影响下,由微生物作用而发生的食品组成和感官性状的变化称为食品腐败变质。有人更为直接地将其概括为:食品腐败变质就是食品失去食用价值,如鱼、肉的腐臭,油脂的酸败,水果蔬菜的腐烂,粮食的霉变等。

二、食品腐败变质的原因

引起烹饪原料腐败变质的原因来自多方面,主要有微生物的代谢活动,酶的作用,其他化学作用以及物理性损伤,昆虫及其他动物引起的损害。

1. 微生物的作用

微生物的作用是引起食品腐败变质的一个主要原因。

食品中腐败微生物的来源很广泛。食品中有糖、蛋白质等丰富的营养成分,它们是微生物生长良好的培养基,而且在食品加工前以及加工、保藏过程中都可能引入微生物。

烹饪原料在细菌作用下所发生的变化程度和特征,主要取决于细菌菌相及其优势菌种。菌相可因细菌污染来源、食品理化性质、所处环境条件和细菌间共生与抗生等关系发生变化。因此,从食品的理化性质和环境条件可预测其菌相,而检测食品菌相有可能对食品变化的程度和特征做出估计。

霉菌和酵母菌可引起蔬菜水果的腐烂和粮食、花生、辣椒等霉变。食品霉变前往往有曲霉属与青霉属菌出现,而当有根霉和毛霉属菌出现时,食品已经霉变。

2. 酶的作用

酶是一类具有催化活性的蛋白质,能加快化学反应速率而本身不发生变化。动植物本身都含有丰富的酶类。在宰杀或收获后的一定时间内,其体内所含酶类继续作用,使食品原料发生各种改变,如蔬菜和水果的腐烂、牛奶中脂肪的酸败。畜类和鱼在被宰杀初期由于分解酶引起的僵直、成熟等生化反应,使香味增加,鲜味更浓,多汁而柔软。但成熟后应注意储存,否则易腐败。

3. 氧化作用

食品中含有一些不稳定的物质，如色素、芳香族物质、维生素、不饱和脂肪酸等，与空气中的氧接触，可引起食品感官性质和营养成分的改变。

4. 其他外界因素作用

不适当的冷冻会使食品冻伤，解冻后易受微生物的侵染，造成腐败变质。完整的食品外有保护膜，故而食品易储藏。而切割、被昆虫咬伤、组织破损的食品，都可能增加微生物侵染机会，易加速食品腐败变质。

三、食品腐败的控制

食品发生腐败变质不仅造成经济损失，还会危及消费者的健康。所以我们应采取必要的措施防止食品腐败变质。防止微生物引起食品腐败变质的主要措施有两大类：一是抑菌；二是灭菌。

1. 抑菌保鲜

延缓或停止微生物生长繁殖的方法，称为抑菌。采用抑菌处理，可以使食品在较长的时间内保持应有的新鲜度。常用方法有低温、干制以及充氮处理等。

（1）低温处理

低温处理也叫冷加工，分冷却与冷冻两种。冷却是把食品温度从室温降至冻结点以上。冷冻是把食品温度降至冻结点以下。

1）冷却。一般食品冷却的温度是 0~4℃。因为在这个温度范围内，有害微生物基本不繁殖，能够在短时间内保持食品的新鲜度。但有些菌如荧光假单胞菌、乳酸菌也可以在低温下缓慢生长造成腐败。所以不能说把食品放在冰箱中就保鲜了。欧美近年推行超冷却技术，在肉品不冻结的条件下尽量降低温度，使保藏期延长。

2）冷冻。当处于冷冻时，食品中微生物细胞内的冰晶体破坏了细胞质的胶体状态，同时还使菌体细胞本身受到机械性损伤；此外，细胞内因冰冻失去可利用的水分，造成生理干燥状态，使细胞质浓缩，黏度增大，最终可引起蛋白变性，细胞死亡，从而达到较长期保藏的作用。

（2）干制处理

干制是使食品脱去一部分水的加工处理方法，有利于抑制微生物生长。食品通过干燥脱水，营养成分被浓缩，提高了渗透压，食品水分活度下降，最终使微生物细胞内失水而导致代谢停止，使其生长受到抑制或死亡。

干制品有许多，如乳粉、蛋粉、速溶咖啡，还有许多著名的土特产，如干红枣、柿饼、葡萄干、萝卜干等。

（3）充氮处理

充氮处理是将密封的包装食品中的空气排出，充填一定比例的氮气，相应减少包装内的含氧量，破坏微生物赖以生存繁殖的条件。这种方法属于气调。

（4）真空包装

真空包装也应属于抑菌的方法之一，是指被包装食品密闭之前抽真空，使密封后的容器内达到预定真空度的一种方法。它通过降低容器内的氧分压，抑制微生物生长繁殖。

2. 灭菌防腐

这类方法包括烹调、微波处理、辐照以及添加化学防腐剂，它们都能有效地杀死食品中的微生物，使保藏期得以延长。

（1）烹调

煮沸、烘烤、油炸等常用的烹调加工是我们常用的杀菌方法。通过高温杀灭食品中绝大部分微生物。但烹调处理后的食品必须及时食用或在准无菌低温条件下做短期储藏，否则会造成微生物的二次污染，导致食品的腐败。

（2）微波

通常微波是指 300～300 000 MHz 的电磁波。微生物在微波电磁场的作用下，吸收微波的能量，产生热效应，同时微波造成的分子加速运动使细胞内部受损，从而导致死亡。

微波因热能利用率高、加热时间短，不破坏食品的营养，所以近几年被广泛采用。

（3）辐照

利用放射性同位素放出的 γ 射线辐照食品，达到杀菌防腐的目的。

（4）化学防腐剂

使用化学防腐剂，具有效果稳定、用量小、防腐力强等特点，在各国食品工业上广泛使用。比较常使用的有：苯甲酸和苯甲酸钠（主要用在饮料中）、山梨酸及山梨酸钾（用于许多食品中）、丙酸钙（用在面包中）、丙酸钠（主要用在糕点中）。上面的几种防腐剂是人工合成的，目前也研制了一些天然防腐剂，如乳链肽、壳聚糖等效果较好的防腐剂。

在实际应用中，我们对食品腐败变质的控制很少只单独使用一种方法，而往往同时采用多种方法，如饮料经高温瞬时灭菌后，添加少量的防腐剂，然后再进行包装（有的甚至采用真空包装）。

第3节 食物中毒及其预防

食物中毒指摄入了含有生物性、化学性有毒有害物质的食品或者把有毒有害物质当做食品摄入后出现的非传染性的急性、亚急性疾病。通常按致病原因将食物中毒分为细菌性食物中毒、有毒动植物中毒、化学性食物中毒和真菌毒素、霉变食品中毒。其食物中毒大体来源于四大方面：植物、动物、微生物、化学物质。每一种物质中毒都会对人的健康带来不利影响，严重的可能会危及生命。

一、食物中毒概述

根据食物中毒的概念，食物中毒不包括因暴饮暴食引起的急性胃肠炎、食源性肠道传染病和寄生虫害，也不包括因一次大量或长期少量摄入某些有毒、有害物质而引起的慢性毒害为主要特征（如致癌、致畸、致突变）的疾病。

引起食物中毒的食物包括致病菌或其毒素污染的食物；已达急性中毒剂量的有毒化学物质污染的食物；外形与食物相似，本身含有毒成分的物质，如毒蕈；本身含有毒物质，而加工、烹调方法不当未能将其除去的食物，如河豚鱼、木薯、黄花菜；由于储存条件不当，在储存过程中产生有毒物质的食物，如发芽的马铃薯。

1. 食物中毒的基本特点

（1）潜伏期较短

从有毒食物进入人体到最初症状出现的这一过渡时期即为潜伏期。食物中毒往往在食物食用后突然发病，短时间内可能有大量病人发病。

（2）症状相似

中毒病人的症状可因吃进有毒食物的多少以及体质的强弱而轻重不同，但同种毒物引起的中毒，病人都有相似的临床表现，最常见的为急性胃肠炎，如腹痛、腹泻、恶心、呕吐等。

（3）有共同的饮食史

病人都是由于吃了一种或几种有毒食品而发生中毒。往往在一个饭店、一个食堂、一个地区在同一时间内，或一餐中吃了有毒食品后，有时在间隔一定时期后，同时有许多人陆续发病，而未进食过有毒食品的人不发病。停止食用有毒食品后不再出现新发病人，发病就很快停止。进食有毒食品量越多，往往病情越重。

(4) 流行呈暴发性

在饮食业，食物中毒的发生，来势凶、时间集中、发病率高，少则几十人，多则数百人、上千人，都突然发病。这是由于每张餐桌上都可能供应同一种有毒的食品造成的。

(5) 不直接污染

中毒病人与正常人之间不会发生互染，一般无传染病流行时的余波。只要及时送病人抢救治疗，并停止进食有毒食品，发病就可以迅速得到控制。

2. 食物中毒原因分布特点

根据我国近5年食物中毒统计资料，在各种原因的食物中毒中，细菌性食物中毒最为常见，其发病起数占食物中毒总起数的50%左右，中毒人数占总人数的60%以上。其次为化学性食物中毒。

3. 引起食物中毒的各类食品分布特点

在我国引起食物中毒的各类食品中，动物性食品引起的食物中毒较为常见，占50%以上。其中，肉及肉制品引起的食物中毒居首位，其次为变质肉、禽。植物性食品引起的食物中毒占总起数的30%，其中谷与谷类制品引起的中毒居首位。毒蕈引起的食物中毒危害性大，死亡率高，应予以重视。

4. 食物中毒发病的季节性和地区特点

食物中毒全年皆可发生，但第二、三季节是食物中毒的高发季节，尤其是第三季度。此外，绝大多数食物中毒发病有明显的地区性。例如，我国肉毒梭菌毒素中毒90%以上发生在新疆地区，副溶血性弧菌食物中毒多发生沿海各省，而霉变甘蔗和酵米面食物中毒多发生在北方。针对上述食物中毒病因分布、食品种类的分布、季节分布及地区性分布等特点，安排食品卫生管理工作计划，制定针对性预防措施，对控制食物中毒的发生有重要意义。

二、由植物性食物引起的食物中毒

植物中的有毒物质多种多样，毒性强弱的差别也很大，除引起急性胃肠炎症状外，神经系统症状也较为常见，抢救不及时可引起死亡。这种食物中毒在家庭和集体餐饮场所都有可能发生。最常见的食物中毒有四季豆中毒、发芽马铃薯中毒、毒蘑菇中毒、黄花菜中毒等。

1. 四季豆中毒

四季豆是指扁豆、菜豆、芸豆、刀豆、豆角等。一般认为，四季豆中毒可能与四季豆中的植物血凝素和皂苷有关。其主要有毒成分是植物血凝素。如果经浸泡烹煮，加热100℃ 1小时，就可破坏这种植物血凝素，从而失去它对红细胞凝集作用。

(1) 引起中毒的原因

大部分都是烹调加工方法不当，加热不透，毒素不能被有效破坏。许多餐馆和集体食堂为追求菜品的美观，烹炒时间不够，豆角还带有绿色和豆腥味就出锅，这就有可能造成食物中毒。四季豆中毒常在秋季下霜前后出现，因此时四季豆的毒性最强而烹调炒煮程度不够而导致中毒。

(2) 主要中毒症状

恶心、呕吐、腹泻、头晕等。

(3) 预防措施

将豆角煮熟、煮透至失去原有的生绿色。

2. 发芽马铃薯中毒

如果马铃薯储藏不当，在气温较高、空气潮湿或光照下马铃薯会发芽或皮变绿，食后常发生中毒，以春末夏初季节常见。

其中毒原因是因为发芽马铃薯中含有龙葵素，它是一种弱碱性糖苷，溶于水，具有腐蚀性和溶血性。龙葵素对胃肠黏膜有较强的刺激作用，对呼吸中枢有麻痹作用，并能引起脑水肿、充血。当食入 0.2～0.4 g 龙葵素时，就能发生严重中毒。

中毒的症状表现为舌、咽麻痹，胃部灼痛及胃肠炎症状；瞳孔散大，烦燥不安；重者抽搐，意识不清，甚至死亡。

预防措施：储存时要防止马铃薯发芽应放在阴暗、低温处储存，储存时作辐照处理，能有效防止马铃薯发芽。发芽过多或皮肉大部分变绿的马铃薯不能食用，必须予以丢弃。马铃薯发芽较少的，可将芽和芽周围变绿部分挖去，去皮后浸水，然后烧熟煮透，以保证食用安全。发芽的马铃薯不宜炒丝、炒片，可多加醋，以破坏龙葵素。

3. 生豆浆中毒

豆浆是以大豆为原料制成的流质饮品，不仅营养丰富，而且容易消化吸收。但生食或加热不足可引起豆浆中毒。

豆浆的有毒成分为皂苷、胰蛋白酶抑制物等。这些有毒成分对胃肠黏膜有刺激作用，可破坏红细胞，抑制蛋白质消化等。

预防措施：因为皂苷、胰蛋白酶抑制物等有害物质受热膨胀而被破坏，所以将生豆浆充分加热可避免中毒。煮豆浆时，开始出现泡沫后应继续加热，直到泡沫完全消失，再继续煮沸几分钟，这样豆浆中的有害物质才能完全被破坏。

4. 鲜黄花菜中毒

黄花菜，又名金针菜，味道鲜美，在煲汤或做木须肉等菜肴中放一些，可以增加菜肴的清香。许多菜是越新鲜越好，但黄花菜恰巧相反，食用鲜黄花菜可引起食物中毒。鲜黄花菜中毒大多发生在六七月黄花菜成熟的季节。

黄花菜的有毒成分是秋水仙碱。摄入微量的秋水仙碱（3～20 mg）即可致死。秋水仙碱本身无毒，但是摄入人体后在胃肠中吸收缓慢，继而被氧化成为二秋水仙碱便有剧毒。凡是二秋水仙碱所接触到的消化道以及泌尿系统，都会发生严重的刺激症状。

摄入没有炒熟的鲜黄花菜后，一般0.5～4小时发病，出现恶心、呕吐、口渴、喉干、腹痛及头昏等症状，重者还出现血尿、血便、尿闭和昏迷等。

预防措施：最好食用干黄花菜，因为在加工过程中秋水仙碱能被破坏。吃鲜黄花菜时，必须经水浸泡2小时以上或用开水烫后弃汁。

5. 含氰甙植物中毒

含氰甙植物中毒国内外均有报告，其中以苦杏仁中毒最为常见，此外还有苦桃仁、枇杷仁、李子仁、木薯等。

苦杏仁的有毒成分为氰甙，是一种含有氰基的物质，可在酶和酸的作用下释放出剧毒物质氢氰酸。1～3颗苦杏仁即可置人于死地。

苦杏仁中毒的潜伏期为半小时至数小时，一般为1～2小时。主要症状为口内苦涩、流涎、恶心、呕吐等，随着组织细胞缺氧加重，病人表现有程度不同的呼吸困难，呼吸不规则，严重者呼吸急促、微弱，四肢冰冷，昏迷，几小时或更短时间内因窒息而死亡。病情的轻重与食入苦杏仁量、空腹程度以及年龄、体质有关。空腹、年幼及体弱者中毒症状重，儿童病死率高。

主要预防措施是加强宣传教育，尤其要向儿童的父母和年龄较大的儿童讲解苦杏仁中毒的知识。宣传勿食苦杏仁，勿食用干炒的苦杏仁。河北的农村曾发生多起炒食苦杏仁引起儿童中毒死亡事件。苦杏仁需经加热水解形成氢氰酸后挥发除去，因此民间制作杏仁茶、杏仁豆腐等时，杏仁均经加水磨粉煮熟，使氢氰酸在加工过程中充分挥发，才不致引起中毒。

南方某些地区有食用木薯的习惯，木薯含有氰甙，且90%的氰甙存在于皮内，故直接生食木薯常可导致与苦杏仁相同的氢氰酸中毒。因此食用木薯必须去皮，加水浸泡2天，并在蒸煮时打开锅盖使氢氰酸得以挥发。

6. 毒蕈中毒

蕈就是我们熟悉的蘑菇。食用蘑菇具有丰富的营养价值和食用价值。而毒蕈是指食后能引起中毒的蕈类,现约有 80 个品种,其中 9 种有剧毒可致人死亡。

毒蕈中毒多发生于高温多雨的夏秋季节。往往因个人或家庭采集野生鲜蕈类,且缺乏辨别经验而误食中毒,因此毒蕈中毒多为散发性。

毒蕈中毒根据毒素侵害的脏器及临床症状的不同,可分为下面几种类型:

(1) 胃肠毒型

中毒症状为剧烈腹泻、腹疼、恶心、呕吐等,对症治疗后可迅速恢复,病程 2~3 天,死亡率低。

(2) 神经精神型

中毒症状主要有精神兴奋、精神错乱及精神抑制等,病程短,1~2 天可恢复。

(3) 溶血型

有毒成分为鹿花蕈素,有强烈的溶血作用,但这种毒素具有挥发性,可溶于热水,烹调时如弃去汤汁可除去大部分毒素。中毒初期以恶心、呕吐、腹泻等胃肠道症状为主,发病 3~4 天后出现溶血性黄疸、肝脾肿大。

(4) 肝肾损害型

此类中毒最严重,死亡率高达 90%。有毒成分主要是毒肽类及毒伞肽类。这类毒素为剧毒物质,对人致死量约为 0.1 mg/kg。其毒性较稳定,耐高温,耐干燥,一般烹调加工不能破坏。

预防毒素蕈中毒最根本的方法是切勿采摘自己不认识的蘑菇,毫无识别毒蕈经验者,千万不要自采蘑菇。

三、由动物性食物引起的食物中毒

动物性食物中毒主要有两种,一是动物或动物的某一部分天然含有有毒成分;二是在一定条件下产生大量有毒成分的动物食物。

1. 河豚鱼中毒

河豚鱼是一种味道鲜美、营养丰富但含剧毒的鱼类。我国沿海各地及长江中下游均有出产。江浙一带民间流传一句俗语"拼死吃河豚",可见该鱼味美诱人,食之却要冒生命危险。中毒者抢救困难,死亡率达到 50% 以上。

河豚鱼的有毒成分为河豚毒素,是一种神经毒素。河豚鱼的肝脏和卵巢毒性最强,其次为肾、脾、血液等。肌肉一般无毒,但鱼死后,毒素可从内脏渗入肌肉内。每年春季 2—5 月为河豚鱼的产卵期,此时鱼体含毒素最多,因此春季是河豚鱼中毒的高发季节。

河豚毒素主要作用于神经系统,阻碍神经传导。首先是感觉神经,其次是运动神经，严重者脑干麻痹，对呼吸中枢有特殊抑制作用，并使血管运动中枢麻痹而导致死亡。

河豚鱼中毒特点为发病急而剧烈，潜伏期短，一般在食用后10分钟至3小时即发病。初期感到手指、唇、舌刺痛，然后出现恶心、呕吐、腹痛、腹泻等胃肠道症状，继而加重，出现肢体麻痹，最后全身麻痹至瘫痪状态，呼吸困难。病人多死于呼吸麻痹。

预防河豚鱼中毒首先要加强卫生宣传，使公众了解河豚的毒性，能识别河豚的形状，防止误食。河豚鱼外形特殊，头部呈棱形，眼睛内陷，半露眼球，上下唇各有两个牙齿似人牙，背腹有小白刺，皮肤表面光滑，无鳞呈黑黄色。其次要加强市场管理，禁止出售河豚鱼。由于河豚毒素耐热，所以最好是将河豚鱼集中加工，去除头、内脏、鱼皮等有毒部分后制成干制品。

2. 鱼胆中毒

引起鱼胆中毒的鱼类多为市售的大众鱼类，如青鱼、草鱼、鲤鱼、鲢鱼、鳙鱼等。南方的鱼胆中毒病人中，80%～90%的病人是吞食草鱼胆而引起中毒的。一般吃重500 g鱼的鱼胆4～5个，或2 000 g鱼的鱼胆1个，即可引起中毒；吃2 500 g鱼的鱼胆2个或5 000 g鱼的鱼胆1个，即可导致死亡。由于具有胆毒的鱼类往往是餐饮业常用的鱼类，故厨师应注意烹调前要完整地去除鱼胆。

3. 贝类中毒

如果一些平常可以食用的海洋贝类被毒化，食用后即可引起中毒。贝类摄食有毒的藻类，本身不中毒，人食后即可引起中毒。毒贝类的有毒部位主要是肝脏、胰腺，而这些部分往往在中心部位，烹调加工不易破坏。因此无论是在家中还是在餐饮场所，加工贝类时都应该摘去内脏。

4. 动物甲状腺中毒

这是因食用没有被摘除的畜禽血脖肉、喉头气管引起的。动物甲状腺的主要成分是甲状腺激素，加热到600℃以上才能被破坏，一般的烹调方法很难做到。吃进1/2个羊的甲状腺或1/6个猪甲状腺或1/10个牛甲状腺，即可中毒。卫生部门规定动物甲状腺一律不准流入市场，禁止食用，但有些不法肉贩不将甲状腺取下，而将其制成肉馅卖出，使消费者在不知情的情况下食用，数量多时就可能引起中毒。

5. 含高组胺鱼类中毒

含高组胺鱼类主要是海鱼中的青皮红肉鱼类，如鲐鱼、金枪鱼、沙丁鱼、刺巴鱼和竹荚鱼等。这些鱼的活动能力特别强，皮下肌肉血管系统发达，肌肉含有大量组氨酸。这类鱼被微生物污染，其中一些细菌会产生组氨酸脱羧酶使组氨酸转变为组胺，吃下含有大量组胺的鱼后就会产生组胺中毒，这是一种类过敏性食物中毒。所以食用不新鲜的或腐败的青皮红肉鱼可引起中毒。腌制咸鱼时，原料不新鲜或腌得不透，含组胺较多，食用后也可引起中毒。

四、由微生物引起的食物中毒

在食物中毒的案件中，由于微生物引起的中毒案件居第一位。近年来，世界上多起重大食品卫生安全事件大多是由病原微生物引起的。引起食物中毒的微生物主要有两大类：一是由细菌引起的细菌性食物中毒；二是由霉菌引起的霉菌性食物中毒。

1. 细菌性食物中毒

近5年来食物中毒统计资料表明，我国发生的细菌性食物中毒以沙门氏菌属、变形杆菌属和葡萄球菌肠毒素食物中毒较为常见，其次为副溶血性弧菌属、蜡样芽孢杆菌属、致病性大肠杆菌属、肉毒梭菌毒素食物中毒。

（1）细菌性食物中毒的特点

细菌性食物中毒季节性强。此类中毒一般发生于每年的5月至10月，即夏秋季，这时气温高，环境湿度大，最有利于细菌的孳生，而且此时人体防御能力也较低。

细菌性食物中毒发病急，病死率低。此类中毒潜伏期短，一般在食入24小时内发病，如能及时抢救，一般病程短，恢复快，病死率低。但有一个例外，肉毒梭菌毒素中毒潜伏期较长，可达2个星期。

病因与中毒食品之间有一定的规律性。动物性食品是引起细菌性食物中毒的主要食品。其中肉类及其制品居首位，其次是变质禽肉，病死畜肉居第三位。沙门氏菌属中毒多发生在肉类食品中，副溶血性弧菌属中毒多发生在海产品中。而且细菌性食物中毒的发生与不同区域人群的饮食习惯有密切关系，如中国人喜欢吃禽畜肉、禽蛋类食物，沙门氏菌属食物中毒多年来占据我国食物中毒的首位；美国人喜欢吃肉类、蛋类和糕点，葡萄球菌肠毒素食物中毒就较多；日本人喜欢吃生鱼片，副溶血性弧菌食物中毒的发生率就最高。

（2）细菌性食物中毒发生的必备条件

细菌性食物中毒必须有细菌源，如生食品、食品制作人、苍蝇、老鼠、不洁的抹布等都是细菌污染源。发生细菌性食物中毒的必备条件有以下几个：

1) 细菌要进入食品。细菌要通过各种途径进入到食品中，如通过厨师带菌的手接触食品，空气中的细菌飞落到未加盖的食品中。

2）食品要适合细菌生长。食品要有一定的营养物质适合细菌的生长。最适合细菌生长的食物有肉类、禽类及其制品，汤料、肉汁、炖肉、炖鱼、调味汁、奶、奶油、蛋制品等。

3）食品要在温热条件下放置一段时间。一般食品中都或多或少地含有细菌，但少量的细菌被吃下一般不会生病。做好的食品没有马上吃，也没有冷却会使细菌在适合的温度下迅速繁殖，由很少量繁殖到每克几百万个甚至几千万个。过多的细菌被吃下导致发病。

4）食品被人食用。当细菌在食品中繁殖到足以引起中毒的数量时，不经彻底加热将致病菌和致病菌产生的毒素破坏就食用，从而导致食物中毒。

(3) 细菌性食物中毒常见原因

生熟交叉污染，其中包括熟食品被生的食品原料污染，熟食品被与生的食品原料接触过的容器、手、操作台污染。

食品储存不当，如盒饭、煮熟的肉、肉汤存放在10～60℃的温度条件下超过2小时，可能会造成细菌性食物中毒（即在温热条件下放置一段时间，细菌大量繁殖）。易腐原料、半成品食品在不适合温度下长时间储存。如鱼、肉放置在室温下（搁在菜板上）而未放入冰箱。

食品未烧熟煮透，如食品制作时，食品的中心温度未达到70℃。烹调前未彻底解冻。经长时间储存的食品食用前未彻底再加热至中心温度70℃以上。

员工带菌污染食品，如员工患有皮肤病、腹泻未调离岗位，操作时通过手部接触等方式污染食品。

吃未经加热处理的生食品等原因均可引起细菌性食物中毒。

(4) 预防措施

针对细菌性食物中毒发生的必备条件和中毒的常见原因，对于由细菌和细菌产生的，对热抵抗力较低的毒素引起的中毒主要采用以下三个措施进行预防：

第一，防止污染，即防止细菌源进入食品。具体措施有避免生食品与熟食品接触；生肉、禽和海产品要与其他食物分开；处理生食品要有专用的设备和工具，例如刀具和砧板；经常洗手，接触直接入口食品的还应消毒手部；避免昆虫、鼠类等动物接触食品等。

第二，控制细菌繁殖，不让细菌在温热条件下繁殖。做好的菜肴在室温下2小时以内吃下，否则要在适宜温度下储藏。热藏时食品温度保持在60℃以上，冷藏时温度控制在10℃以下。

第三，食用前彻底加热杀死病原菌。要保证加热温度，使食品的中心温度达到70℃以上。

对于产生芽孢的细菌和由细菌产生耐热性毒素引起的中毒一般不采用第三种方法（如金黄色葡萄球菌会产生耐热性非常强的肠毒素，加热不能破坏肠毒素），往往采用防止污染、控制繁殖和抑制毒素的产生或毒素产生速度等方式。

2. 霉菌性食物中毒

真菌在谷物或其他食品中生长繁殖产生有毒的代谢产物，形成真菌毒素，若食用这些毒性物质就可能引发中毒。引发食物中毒的真菌毒素主要有黄曲霉毒素、3-硝基丙酸、呕吐毒素等。吃下霉变的花生、谷物、甘蔗以及被病害污染的新麦子都可能诱发中毒。

(1) 黄曲霉毒素中毒

黄曲霉毒素主要污染粮油及其制品，其中以花生和玉米及其制品的污染最为严重，其次是小麦、大麦等麦类植物和干薯也易遭受污染，大米、豆类作物受污染较轻。

黄曲霉毒素有很强的急性中毒性，也有明显的慢性中毒与致癌性。黄曲霉毒素引起的人类急性中毒为急性中毒肝炎，慢性中毒是慢性肝损害。这是因为黄曲霉毒素属于肝脏毒素，可抑制肝细胞 DNA、RNA 的合成，从而使肝脏蛋白质合成减少。多次少量摄入黄曲霉素可引起肝脏纤维细胞增生、肝硬化，甚至导致肝癌等慢性肝损害。黄曲霉毒素是目前发现的最强的化学致癌物。调查表明，目前凡肝癌发病率高的地区，人类食物中黄曲霉毒素污染也较严重。

预防黄曲霉毒素中毒的根本措施是防止粮油制品的霉变。去毒只是污染后为防止食用后受到危害的补救措施。防霉有许多方法，如物理方法，控制霉菌生长繁殖产毒条件（如水分、温度等）；化学方法，利用环氧乙烷对粮食杀霉。同时国家还制定了黄曲霉毒素限量标准。食品中黄曲霉毒素 B_1 允许量标准见表3—1。

表3—1　　　　　　　　食品中黄曲霉毒素 B_1 允许量标准

品种	允许量（$\mu g/kg$）
玉米、花生仁、花生油	≤20
玉米及花生仁制品（按原料折算）	≤20
大米、其他食用油	≤10
其他粮食、豆类、发酵食品	≤5
婴儿代乳品	不得检出

（2）霉变甘蔗中毒

甘蔗盛产于我国南方，运至北方后通常经过冬季长期储存，到次年春季才出售。由于储存不当，霉菌大量繁殖，使甘蔗发生霉变，因此霉变甘蔗中毒多见于北方的初春季节。此外，甘蔗未成熟就收割，更有利于霉菌生长繁殖。

霉变的甘蔗质软，瓤部比正常甘蔗色深，呈浅棕色，结构疏松，尖端和断面有白色絮状或绒毛状真菌，有酸霉味或酒糟味，有时略带辣味。从霉变甘蔗中分离出产毒真菌，称甘蔗节菱孢霉，产生的毒素为3－硝基丙酸，是一种神经毒物质，主要损害中枢神经系统，严重者可致死。

预防霉变甘蔗中毒，必须在甘蔗成熟后收获，并注意防冻。在储存过程中，应注意防霉，储存时间不能过长。禁止销售和食用霉变甘蔗。

五、由化学物质引起的食物中毒

引起化学性食物中毒的化学物质主要有各种农药、亚硝酸盐、砷、钡盐等。化学物质对人体危害极大，因此在处理化学性食物中毒时，应力求一个"快"字。

在众多的化学性食物中毒中，亚硝酸盐尤其应该引起人们的注意，其中毒原因大致有下列几种：

1. 将亚硝酸盐当做食盐误食引起中毒。因为亚硝酸盐的色泽、形状与食盐相似，而导致近年在建筑工地食堂发生多起群体性亚硝酸盐中毒。

2. 一次进食大量含硝酸盐、亚硝酸盐较多的食物。如吃未腌好的咸菜、腐烂变质的蔬菜。

3. 饮用含硝酸盐、亚硝酸盐量较多的水，如苦井水、蒸锅水。

4. 食用添加过多亚硝酸盐的肉制品。

餐饮业预防亚硝酸盐中毒主要是要选用新鲜的蔬菜，自行腌制咸菜时要保证腌制时间在20天以上，制作肉制品时亚硝酸盐的添加尽量要少，不用苦井水、蒸锅水做饭做菜，亚硝酸盐要单独放置在储藏室而不要放在烹饪加工间等。

虽然食物中毒的危害极大且种类较多，但预防食物中毒并不太难。卫生部门早已对公共餐饮场所的食品卫生状况作了具体而有效的规定，只要按照食品卫生条例的要求来制备食物，食物中毒是可以避免的。

第4节 烹饪原料的卫生与安全

一、粮豆的卫生

1. 粮谷霉变与霉菌毒素污染

在高温高湿条件下,由于各种酶的作用,粮谷会发热、霉烂、变质。粮谷在成熟或储存期间的霉变,不仅感官性状发生变化,而且可产生霉菌毒素,使食用者发生霉菌毒素食物中毒。其中要特别引起注意的是黄曲霉毒素 B_1 的污染,其毒性可引起肝癌,也可引起急性中毒。黄曲霉毒素耐热力强,在280℃高温加压下才有可能被破坏。

2. 粮谷的其他污染

谷物收割时常常混进一些有害的植物种子,最常见的有毒麦、麦仙翁籽、苍耳等。这些杂草种子都含有一定的毒素,混入粮谷制品中会引起食用者中毒。

仓库害虫的种类很多,世界上发现有百种以上,我国发现有五十多种。其中甲虫损害米、麦、豆等原料,螨虫损害稻谷。这些害虫会损害粮谷,使其减少重量,降低质量,易使粮谷发热并导致微生物进一步作用,造成粮食霉烂变质。

3. 防止粮谷污染的措施

防止粮谷发热霉变的主要措施是控制环境的温度、湿度。储存粮谷过程中,要将水分降至14%以下,大豆降至12%以下,成品粮水分降至13%~13.5%。有效防止有害种子和泥土、砂石和金属的污染,应在粮食加工时注意筛选,同时包装储藏前清理干净。提倡科学储粮,要积极推广"四无"粮仓(无虫、无霉、无鼠、无事故)并加强粮食检验,不加工、出售霉烂和不符合卫生标准的粮食。

二、蔬菜和水果的卫生

1. 蔬菜的卫生指标

优质蔬菜指标:鲜嫩,无黄叶、伤痕,无病虫害,无烂斑;次质蔬菜指标:梗硬,老叶多、叶枯黄,有少量病虫害、烂斑,挑选后可食用;变质菜指标:严重霉烂,呈腐臭味,亚硝酸盐含量增多,有毒或有严重虫伤等,不可食用。

2. 水果的卫生指标

优质水果指标：表皮色泽光亮，肉质鲜嫩、清脆，有固定的清香味；次质水果指标：表皮较干，不够光泽、丰满，肉质鲜嫩度差，营养成分减少，清香味减退，略有小烂斑，有少量虫伤，去除虫伤和腐烂处仍可食用；变质水果：已腐烂变质，不能食用。

3. 防止果蔬污染的措施

果蔬污染主要有肠道致病菌和寄生虫污染、污水和废水的污染、农药的污染等。为防止果蔬污染，预防措施有：严禁用未经处理的生活污水、废水灌溉农田；用于蔬果的农药必须是高效、低毒、低残毒的；禁用鲜人畜粪便为蔬果施肥；做好运输、储藏的卫生管理；生吃蔬果必须洗净消毒，削皮后的水果应立即食用。

三、植物油的卫生

1. 油脂的酸败

不论是食用油脂，还是含油脂较多的食品，在不符合卫生要求的条件下保存，尤其是高温季节，很容易产生一种哈喇味，这就是油脂酸败的缘故。造成油脂酸败的原因有两方面，一是由于植物组织残渣和微生物产生的酶所引起的酶解过程；二是空气、阳光、水分等作用下发生的水解过程。

在酸败过程中，食用油脂先被分解为甘油和游离脂肪酸。游离脂肪酸的增加使油脂的酸价增高，同时又增加了低级脂肪酸，这些低级脂肪酸可以进一步发生断裂，形成酮类和酮酸。这些都是在微生物和酶的作用下发生的酶解过程。酶解使油脂变劣，具有哈喇味和苦涩味。最严重的是油脂游离不饱和脂肪酸会发生自动氧化，形成过氧化物，并分解成醛类和醛酸。酸败过程中，不饱和脂肪酸、脂溶性维生素均被氧化破坏，降低营养价值。同时因油脂氧化产物为酮、醛等有毒物，对人体有毒害作用。

2. 高温加热对油脂的污染

油脂经过高温加热后，不仅营养价值降低，而且分子结构发生改变，发生脂肪酸聚合。油脂中的不饱和脂肪酸，如亚麻酸、亚油酸和花生四烯酸等加热时发生聚合作用。油脂高温加热发生的缩聚和聚合作用使油脂形成环状单聚体、二聚体、三聚体和多聚体物质。试验表明，环状单聚体可引起动物死亡，也可引起脂肪肝，影响生长发育。二聚体和三聚体虽对人体有一定的毒性，但毒性低于环状单聚体。这是由于其分子较大，吸收程度较低的缘故。多聚体因分子更大，相对不易吸收，也不易出现毒性。

3. 油脂的其他污染

油料种子由于储存不当，可被霉菌污染并产生毒素，如花生易受到黄曲霉毒素的污染，榨出的油中也含有毒素。油脂在生产和使用过程中，可能受到环境中多环芳烃化合物的污染，油料种子直接用火烘干产生的污染，反复使用的油脂在高温下发生热聚合产生的污染等。食品油脂中存在的天然有毒物质主要包括芥酸、芥子甙、棉酚等，这些物质可不同程度地损害人体的健康。

4. 防止油脂变质的措施

（1）要求油脂的纯度高，减少残渣存留，避免微生物污染。要在干燥、避光和低温的条件下储存。

（2）要限制油脂中水分含量。我国规定油脂中的水分不得超过 0.2%。烹调加工过程中用过的油含水分多，不要回倒在新鲜的油中，应单独存放，及时用掉，不能久存。

（3）阳光和空气能促进油脂的氧化，所以油脂宜放在暗色的玻璃瓶中或上釉较好的陶器内，放置于阴暗处，最好密封，尽量避免与空气接触。

（4）金属能加速油脂的酸败，所以储存油脂的容器不应含有铜、铅、铁、锰等金属成分。

（5）在油脂中添加一定量的抗氧化剂能防止油脂的氧化，但要注意所使用抗氧化剂的卫生要求。

（6）为防止和打破脂肪酸的聚合作用，在烹调中要注意不反复使用高温加热过的油脂烹炸食物，要控制烹调的油温，适当地加入新油，加热的时间不要太长。

四、畜禽肉的卫生

1. 畜肉食品的卫生

牲畜宰杀后，从新鲜至腐败变质要经过僵直、后熟、自溶和腐败四个过程，刚宰后的畜肉呈弱碱性（pH 值为 7.0～7.4），在组织酶的作用下肌肉中糖原和含磷有机化合物分解为乳酸和游离磷酸，使肉的酸度增加，蛋白质开始凝固，肌纤维硬化出现僵直，此时肉有不良气味，肉汤浑浊，不鲜不香。此后，肉内糖原分解酶继续活动，pH 值进一步下降，肌肉结缔组织变软，具有一定弹性，肉松软而多汁，滋味鲜美，表面因蛋白凝固形成有光泽的膜，有阻止微生物侵入内部的作用，这个过程称后熟。后熟过程与畜肉中糖原的含量、温度有关，疲劳的牲畜，肌肉中糖原少，其后熟过程延长，温度越高后熟速度越快。此外，肌肉中形成的乳酸，对病毒具有一定的杀灭作用，畜肉处在僵直和后熟过程为新鲜肉。

如肉在常温下存放，畜肉内组织酶分解蛋白质、脂肪，使组织发生自溶，在肌肉的表层或深层形成暗绿色，脂肪层也有黑色斑点，肌肉纤维松弛，严重影响肉的质量，此时肉的变化与一般细菌性腐败变质相似。当变质程度不严重时，这种肉须经高温处理后才可食用。内脏组织发生自溶快，因为内脏中含酶较多，其组织结构适于自溶的发生。自溶为细菌的侵入繁殖创造了条件，而细菌中的酶使蛋白质、含氮物质分解，肉的pH值上升，即为腐败过程。

不适当的生产加工和贮藏条件，如牲畜在屠宰、加工、运输、销售等环节中被微生物污染；病畜宰前有细菌侵入，并蔓延至全身各个组织；牲畜因疲劳过度，宰后肉的后熟力不强，产酸少，难以抑制细菌生长繁殖，均可导致肉的腐败变质。

此外，动物使用抗生素，饲料中添加动物激素，都容易使有毒物质残留在动物体内，人食用后可引起过敏反应，或致畸、致癌。

2. 禽肉食品的卫生

污染禽肉食品的微生物：一类为病原微生物，如沙门氏菌、金黄色葡萄球菌和其他致病菌。这些微生物侵入肌肉深部，食用前未充分加热，可引起食物中毒；另一类为假单胞菌，在低温下生长繁殖，引起禽类感官性状的改变甚至腐败变质，在禽类体表产生各种色斑。因此必须加强禽肉食品的卫生质量检验并做好以下工作：

（1）加强卫生检验

禽类在宰前必须经卫生检验，发现病禽应立即隔离、急宰，宰后检验发现的病禽肉品应根据检验结果作无害化处理。

（2）合理宰杀

宰前24小时停食，但应充分喂水以清洗胃肠道。禽类的宰杀工艺类似牲畜宰杀过程，为吊挂、击昏、放血、浸烫（50～54℃或56～62℃）、拔毛、通过排泄腔取出全部内脏，宰杀过程中应多次用水冲洗禽体，尽量减少污染。

（3）宰后冷冻保存

宰后禽肉在温度－30～－25℃、相对湿度80%～90%下冻藏，可保存半年。

五、蛋类的卫生

1. 蛋类的微生物污染

鲜蛋的卫生问题主要是沙门氏菌污染和微生物引起的腐败变质。

蛋壳表面细菌很多。据统计，干净蛋壳表面约有400万～500万个细菌，而脏蛋壳上的细菌则高达1.4亿～9亿个，这些细菌来自泄殖腔和不清洁的产卵场所。

禽类往往带有沙门氏菌，以卵巢最为严重。因此，不仅蛋壳表面受沙门氏菌污染比较严重,而且蛋的内部也可能有沙门氏菌。水禽(鸭、鹅)的沙门氏菌感染率更高。

禽蛋的腐败主要是由于外界微生物通过蛋壳毛细孔进入蛋内造成的。一般先是蛋黄游动,其次是蛋黄散碎(即散黄),与此同时,蛋白质分解产生硫化氢、氨等,使蛋内变色和有恶臭气味。霉菌侵入蛋壳,使蛋壳内壁出现黑斑。如蛋破裂就会加速腐败。

2. **防止蛋类污染的措施**

为防止蛋类的微生物污染,提高鲜蛋的卫生质量,应加强禽类饲养条件、禽体及产蛋场所的卫生管理。鲜蛋应在低温(1~5℃)、相对湿度87%~97%的条件下贮藏,出库时,应先在预暖室放置一段时间,防止因冷凝水的产生而引起微生物的污染。为防止沙门氏菌引起的食物污染,不允许用水禽蛋作为糕点原料。水禽蛋必须煮沸10分钟以上才能食用。

六、奶及奶制品的卫生

1. 奶类的卫生

鲜乳最常见的污染是微生物污染。这些微生物污染可来自乳牛的乳腺腔,也可来自挤奶人员的手,以及生产环境的空气、尘埃、飞沫中的微生物及污染的容器,还有人畜共患传染病及其他污染。

(1) 奶的腐败变质

一般情况下,刚刚挤出的牛奶中可能含有各种微生物,同时其中也含有溶菌酶,能够抑制微生物的生长。因此刚挤出的奶中微生物的数量不会逐渐增多,而是逐渐减少。牛奶抑菌作用的长短与牛奶中存在细菌的多少及奶的储存温度有关。奶中菌数越少,储存温度越低,抑菌作用保持时间就越长,反之越短。一般生奶(刚挤出未消毒的奶)的抑菌作用在0℃时可保持48小时,5℃时可保持36小时,10℃时可保持24小时,25℃时保持6小时,而在30℃时仅能保持3小时。故奶挤出后应及时冷却,否则微生物会大量繁殖,使奶腐败变质。变质的奶可引起理化性质的改变,如色泽、酸味、凝块等感官性质的变化,腐败菌分解蛋白质时,可产生恶臭味的吲哚粪臭素、硫醇及硫化氢等,使奶不能食用。

(2) 致病菌的污染

奶中的致病菌主要是人畜共患传染病的病原体。如乳牛患有结核、布氏杆菌病及乳腺炎时,其致病菌可通过乳腺排出而污染奶,当人食用未经卫生处理的这种奶时可感染患病。因此,必须给予牛奶相应的消毒卫生处理,或限于食品工业使用或废弃。

(3) 其他污染

为增加奶牛的产奶量和提高牛奶的质量而在饲料中添加的动物激素，或在奶牛患病后滥用各种抗生素、药物，饲料中的药物残留等会造成奶的污染而影响人体的健康。饲料霉变后产生的霉菌毒素、有毒化学物质等都会对奶类造成污染。在鲜奶中掺假、掺杂导致的安全问题也应引起重视。

2. 奶制品的卫生

(1) 全脂奶粉

奶粉的感官性状为浅黄色、无结块、颗粒均匀的干燥粉末，冲调后无团块、杯底无沉淀物，并具有牛奶的纯香味。当具有苦味、腐败味、霉味、化学药品和石油等产品气味时，应禁止食用，作废品处理。

(2) 甜炼乳

甜炼乳为乳白色或微黄色，均匀，有光泽，黏度适中，无异味、凝块、脂肪漂浮的黏稠液体。当具有苦味、腐败味、霉味、化学药品和石油等产品气味应当作废品处理。

(3) 酸牛奶

酸牛奶是以牛奶为原料，添加适量砂糖，经消毒和冷却后，加入乳酸菌，经保温发酵而成的产品。酸牛奶呈乳白色或稍带微黄色，具有纯正的乳酸味，凝块均匀细腻、无气泡，允许有少量乳清析出。酸牛奶在出售前储存在 2~8℃冷藏库或冰箱内，储存时间不应超过 72 小时。当酸奶表面生霉、有气泡和大量乳清析出时，不得出售和食用。

(4) 奶油

正常奶油为均匀的浅黄色，组织状态正常，具有奶油的纯香味。凡出现霉斑、腐败、异味（苦味、金属味、鱼腥味等）须作废品处理。

七、水产品的卫生

1. 鱼类的卫生

由于鱼肉含有较多的水分和蛋白质，酶的活性强且肌肉组织比较疏松、细嫩，给微生物的侵入、繁殖创造了极好的条件，故易腐败变质。

鱼体表面、鳃和肠道有一定量的细菌，当鱼离开水时，从鱼皮下分泌出一种透明的黏液保护机体。鱼死后不久，表面结缔组织分解，使鱼鳞脱落，眼球周围组织被分解而使眼珠下陷、浑浊无光。鱼鳃经细菌作用，由鲜红变成暗褐色，且很快产生臭味。同时鱼肠内微生物大量生长繁殖，产生气体，使腹部膨胀，肛门处的肠管脱出，若将鱼放在水中，则鱼体上浮。鱼脊骨旁的大血管被分解破裂，周围出现红色，随着细菌侵入深部，肌肉被分解而破裂并与鱼骨脱离，有腥臭味，这表明鱼已严重腐败，不可食用。

保鲜是保证鱼类质量的主要措施，可采用低温法和食盐法。通过抑制组织蛋白酶的作用和微生物的繁殖，可以延长鱼僵尸期和自溶期的时间。低温保鲜有冷却和冷冻两种方式。冷却是使温度降至－1℃左右，使鱼体冷却，一般可保存5～14天。冷冻是在－40～－25℃环境中使鱼体冻结，此时各种组织的酶和微生物均处于休眠状态，保藏期可达半年以上。用食盐保藏的海鱼，用盐量不应低于15%。

2. 虾、蟹的卫生

鲜虾体形完整，外壳透明光亮，体表呈青白色或青绿色，清洁，无污秽、黏性物质。须足无损，蟠足卷体，头胸节与腹节紧连，肉体硬实、紧密而有韧性，断面半透明，内脏完整，无异常气味。

当虾死后或变质分解时，头脑节末端的内脏易腐败分解，使腹节的连接变得松弛易脱落。虾体在尸僵阶段可保持死亡时伸张或卷曲的固有状态，进入自溶阶段后，组织变软，失去躯体的伸曲力。虾体将近变质时，甲壳下一层分泌黏液的颗粒细胞崩溃，大量黏液渗至体表，失去虾体原有的干燥状态；当虾体变质分解时，甲壳下真皮层含有以胡萝卜素为主的色素质与蛋白质分离产生的虾红素，使虾体泛红，表示已接近变质。严重腐败时，有异味，不能食用。

螃蟹喜食动物尸体等腐烂性食物，胃肠中常带有致病菌和有毒杂菌，蟹一旦死后这些病菌便会大量生长繁殖。螃蟹体内含有较多的组氨酸，组氨酸易分解，在脱羧酶的作用下，产生组胺和类组胺物质，造成组胺中毒。

3. 贝类的卫生

动物界中的软体动物因大多数具有贝壳，故通常称为贝类。贝类品种很多，包括海产的鲍、蛏、牡蛎、乌贼、泥螺、贻贝，淡水的螺、蚌等。它们含有丰富的蛋白质，味道鲜美，很受人们的青睐。

贝类可被水域中的多种生物污染。如一些藻类含有神经毒素，当水域中此种藻类大量繁殖时会形成所谓的"赤潮"污染蛤类，但因毒素在其体内呈结合状态，所以对蛤类本身并无危害，而人食用后，毒素迅速释放而引起中毒。

副溶血性弧菌是分布极广的海洋细菌，污染贝类及海鱼等海洋生物，此菌的繁殖速度快，8分钟即可繁殖一代。刚捕捞的新鲜乌贼在短时间内凭人的感觉尚未发现新鲜度下降时，就已含有大量细菌。

如养殖贝类的水域受到病原生物的污染,贝类体内会浓缩积聚病原生物,其浓度要比水域中病原菌的浓度高几百倍至几千倍。贝类不仅受多种生物的污染,而且其体内携带的病原生物的数量也极多。

食用方法不当是引起贝类食物中毒的重要原因。仅用开水烫一下,剥开贝壳,取出贝肉蘸上调料就吃,大量有害生物未被彻底杀灭,是造成食物中毒的原因之一。

八、酒类的卫生

1. 蒸馏酒的卫生

蒸馏酒是以粮食、薯类和糖蜜为原料,经糖化、发酵,再蒸馏而成白酒,酒精含量一般为40%~60%,是一种烈性酒。其主要成分是乙醇,但在生产过程中也可产生多种少量或微量有害产物,如甲醇、杂醇油、醛类等。

(1) 甲醇

以薯类或其他水果为原料酿制的酒中,由于原料中含有的果胶、木质素、半纤维素能分解产生甲烷基并形成甲醇。此外,蒸煮料温度过高、时间过长以及含有较多果胶酶的某些微生物(如黑曲霉)也能增加成品中的甲醇含量。甲醇具有一定的毒性,人体摄入过量(一次摄入4~10 g)可引起中毒。

(2) 杂醇油

在制酒过程中,由原料中的蛋白质、氨基酸及糖类分解而产生的有强烈气味的高级醇类是组成酒的芳香气味的成分,主要包括戊醇、正丙醇、异丁醇和异戊醇等,以异戊醇为主,其毒性及麻醉性比乙醇强。杂醇油在体内氧化速度较乙醇慢,且在机体内存留时间较长,所以饮用含杂醇油高的酒类后,易头痛及大醉。

(3) 醛类

酒中的醛类主要来自糠麸和谷壳等原料,是相应醇类的氧化产物,沸点比相应醇类低,但毒性比相应的醇类强,包括甲醛、乙醛、丁醛、戊醛等,其中甲醛毒性较大,比甲醇毒性大30倍。甲醛属于细胞原浆毒,可使蛋白凝固变性和酶失去活性,而出现烧灼感、呕吐、头晕等症状。10 g甲醛即可致人死亡。

2. 发酵酒的卫生

发酵酒是以糯米、大麦和水果等为原料,经糖化、发酵、压榨而成,乙醇含量较低,一般在20°以下。由于原料和加工工艺不同,主要有果酒、啤酒和黄酒等。发酵酒与蒸馏酒的根本区别是无蒸馏工序。因此,原料中的所有成分全保留在酒中,而且酒精含量低,有利于细菌的生长繁殖。

(1) N-二甲基亚硝胺

酒类中的亚硝胺主要存在于啤酒中。啤酒的主要原料是大麦芽。啤酒的酿造过程中,大麦芽在窑内用火加热干燥时,被烟气中的气态氮氧化物(NO 和 NO_2)亚硝基化,产生 N-二甲基亚硝胺。因此,应避免直接用火烘干大麦芽。我国卫生标准中规定,啤酒中 N-二甲基亚硝胺含量应≤3 μg/L。

(2) 黄曲霉毒素

由于发酵酒不经蒸馏,如果原料被黄曲霉毒素和其他非挥发性物质污染,所有成分都会保留在酒中。我国卫生标准中规定,发酵酒中的黄曲霉毒素 B_1 含量应≤5 μg/L。

(3) 其他污染

发酵酒在酿制过程中需使用一些食品添加剂,如防腐剂、甜味剂、酸味剂、着色剂等,所用食品添加剂均应符合食品卫生要求。

发酵酒酒精度低,特别是生啤酒仅在煮汁时有一次消毒过程,此后不再经其他杀菌过程,微生物污染和繁殖机会较多,要特别注意酿制卫生管理。

九、调味品的卫生

1. 酱油的卫生

酱油具有正常酿造的色泽、气味和滋味,无不良气味,不得有酸、苦、涩等异味和霉味,不混浊,无沉淀,无霉化浮膜。

(1) 微生物的污染

酱油的生产过程中如卫生条件差,易引起腐败菌的污染,并且还容易受到大肠杆菌、沙门氏菌、痢疾杆菌等致病菌的污染。在夏秋季节,酱油如果保存不当,受到产膜酵母菌污染,表面会出现一层白膜。如果发酵菌中含有杂菌,如黄曲霉,则使产品中带有黄曲霉毒素。这些微生物的污染不仅影响了酱油的风味和品质,严重者可引起食物中毒。

酱油类制品在发酵过程中,原料中的糖也可被细菌中的酶发酵形成有机酸类,成为形成酱油独特风味的物质之一。但酱油类制品被微生物污染后,也可发酵形成有机酸,使其酸度增高。

(2) 添加剂的污染

酱油使用的添加剂主要是色素和防腐剂。我国酱油生产中,添加的酱色是焦糖色素,一般是安全的。在生产过程中为了加速反应,加入硫酸铵作为催化剂,可以产生4-甲基咪唑是一种惊厥物质。因此,应严格禁止加铵法生产色素。

2. 食醋的卫生

食醋的卫生问题与酱油基本相同。食醋应具有正常酿造食醋的色泽、气味和滋味，不涩，无其他不良气味和异味，不混浊，无悬浮物及沉淀物，无霉花浮膜。各种醋风味略有差异，但醋酸含量为3%~5%，其芳香气味，主要来自醋酸乙酯和有机酸。而未经发酵直接用冰醋酸配制的醋除无芳香气味外，可能还含有对人体有害的物质。

3. 食盐的卫生

食盐根据来源不同分为海盐、湖盐、井盐及矿盐等，又可根据加工方法分为粗盐、精盐和营养强化盐。食盐的主要成分是氯化钠。

一些矿盐、井盐、湖盐中含有硫酸（钠）盐较高，使食盐味道不佳，发苦、发涩，且影响人体的消化吸收，而重金属、氟等含量过高可导致中毒。

第5节 烹饪工艺的卫生与安全

采用合理的刀工和烹饪方法加工食品，是避免和减少营养素破坏损失，生产出具有色、香、味、形良好的感官性状的食品，提高食物营养价值和食用价值的重要途径。而合乎卫生要求的各种烹饪加工方法是保证食品卫生，防止食品污染，预防食物中毒和消化道传染病发生的重要环节。注意加工过程中的卫生，不仅可以防止把含有有毒有害物质或腐败变质的原料加工成食品，还可以避免烹调加工时因操作不当对食品造成的污染。

一、烹饪原料初加工工艺卫生

1. 烹饪原料初加工的一般卫生要求

烹饪原料初加工卫生是指烹饪原料在拣洗、分挡、宰杀、改刀过程中的卫生。

（1）初加工原料生熟分开

不同种类的原料分开清洗，初加工原料生熟分开。动物性原料含脂肪及污物较多，植物性原料附着的寄生虫卵和泥土污染较多，清洗时应分开。洗菜池专门用于蔬菜的清洗，解冻池则主要用于动物性原料的解冻和清洗，应严格区分，不可混用。生熟原料要分砧板、分刀，以免交叉污染。

（2）拣洗过程中要清除有害物质

在食品拣洗过程中，应建立食品验收制度，无论是从市场采购的还是从冷库中提取的货源，都要经过质量检查，凡发现有腐败、霉变、生蛆现象，或有被农药、霉菌、化学毒物污染和细菌及寄生虫病原体污染的食品，都不得作烹饪原料使用。对于原料自身所含有的有害于人体的物质，如发芽土豆的皮和芽眼，畜肉中的甲状腺和肾上腺等，应予以清除。

（3）注意初加工间的卫生

初加工间要求经常清扫，生熟砧板刮、刷净，消毒后立于通风处，以防止菜砧板下面积存污垢。废弃物应随出随倒，倒后把废物桶冲净，不可积压过夜，以免滋生细菌、蛆虫，造成污染。抹布应随时洗净，每天消毒一次。

2. 常用原料初加工卫生

（1）蔬果初加工卫生

蔬菜在清洗前应先弃去黄叶、老叶和有病斑的菜叶。蔬果表面一般附有泥土、污秽、微生物、寄生虫卵和残留农药，清洗时应认真洗涤干净，尤其是叶片上的虫卵较多，可用2％的食盐水洗涤以除去虫卵，或用0.3％的高锰酸钾溶液浸泡5分钟杀灭病原体。其中不容易清除的是残留在果蔬表面的农药，因农药中常加有黏附剂、胶体物质或油脂乳剂（以提高杀虫效力）。

清除残留农药有人工或机械刷洗法、盐酸溶液浸洗法。前者方便易行，但效率低，还会使果蔬表皮组织发生损伤；后者效果好，已普遍采用。如用0.5％～1.0％盐酸溶液可清除砷和铅，有效率达89％～99％，对含铜和石灰的农药洗涤效果更好，还可将某些农药洗净。稀盐酸对果蔬组织基本没有副作用，不会溶解果蔬表面的蜡质，洗涤后残液易挥发，无须作中和处理，用一般清水漂洗即可。盐酸价格低廉，无特殊气味。

在果蔬初加工中，原料也可用盐水或高锰酸钾溶液浸泡一段时间，再以凉开水冲洗后，用以制作凉拌菜。

（2）动物性原料初加工卫生

经过冷冻的动物性原料一般采用自然解冻法，解冻前应先在解冻池内用自来水冲淋一次，解冻温度不宜超过25℃，相对湿度在85％，若冻肉数量较多，肉片吊挂相距在5 cm以上，离地面高度不少于20 cm。注意：切不可使用温热水解冻，不同品种的原料应分开解冻。解冻后应除去原料中所带有的有害物质，如畜肉表面的残毛、污物、病痕、脓疱、血污肉及体内的甲状腺、肾上腺和淋巴结等。禽类的腚尖、腔上囊，水产鱼类的肝脏（如鲅鱼、旗鱼），淡水鱼中的鲶鱼和光唇鱼的卵，泥螺、鲍鱼的体表黏液都含有自身固有的毒素，这些组织在初加工时都应清除。

水产品初加工时，先用清水洗去鱼体表面的黏液及污物，然后刮鳞片，去鳃、鳍，剖腹清除内脏，注意不要碰破胆囊，用清水洗涤。鱼体在清洗时不可在水中长时间浸泡，以免可溶性蛋白质溶出，降低其营养价值，也可避免鱼肉吸收水分，影响成品质量和固形物重。鱼洗后需沥干，使鱼体表面脱水而略为硬结，减少预热处理时鱼肉碎散或互相黏结，同时可防止鱼肉的腐败变质。

禽类加工时应注意待宰禽类须经检查，证实健康无病后，12~14小时内禁食，亦可适当增加饮水量，以达到清洁胃肠道、减少禽尸细菌交叉污染的目的。禽体内脏带菌率极高，宰后经褪毛及时开膛取出内脏与胆囊，防止胃肠道内容物污染肉尸，用洁净流水冲洗内腔与体表。清洗内脏和腹腔的血污应细心操作，以免碰破胆囊和肠衣而造成污染。家畜内脏污秽较多，洗涤困难，在洗涤时应采用盐醋搓洗、里外翻洗、刮剥洗、漂洗、灌洗等多种方法同时进行，以确保卫生。

(3) 干货原料涨发的卫生

干货原料涨发按原料品种不同，涨发方法也不同，主要有水发和油发两种。干货原料涨发的过程中要充分去除原料上吸附的泥沙、杂质等，涨发用具要清洁卫生，以免造成原料的污染。

二、面点工艺及其卫生

1. 面粉发酵过程的卫生

面粉发酵是淀粉在酵母菌的作用下发酵并产生二氧化碳和乙醇的过程。面点在发酵的过程中要防止因杂菌污染而影响面团的质量。传统面粉发酵常用留下的面肥（老面）接种，掺和糅合，在20~30℃温度下进行。但由于这种面肥长期使用已不是纯酵母菌，而夹杂大量乳酸菌、醋酸菌，因此发酵后面团必须加适量碱，还应避免过酸或过碱而影响面点的色调、风味和营养成分。

利用鲜酵母（纯酵母菌）进行发酵，一般在30℃以下，不超过1小时，面团不产酸，不必加碱中和。利用鲜酵母不仅可降低有害微生物的污染，卫生安全，又有利于营养成分的保存。故目前常采用鲜酵母发酵面团制作面食。

此外，还可采用碳酸氢钠（小苏打）发酵粉发面，由于碳酸氢钠属于碱性物质，用量过多，制品会发黄，产生碱味，同时使面点中的维生素B_1、维生素B_2受到破坏。

2. 馅心制作的卫生

馅心的种类很多，加工前应检查原料的卫生质量，再拌和各种辅料。盛用器具、工具应注意清洁卫生，防止微生物的污染。馅心制作量要按需准备，最好随用随做，剩料要妥善保存，不宜久藏。

第6节 食品卫生要求

由于厨房卫生直接影响着所制作食品的食用安全，直接影响消费者的身体健康，所以厨房卫生控制管理工作不可忽视。1994年我国就颁布了《食品企业通用卫生规范》，用于指导食品企业的卫生管理工作。中华人民共和国卫生部令第10号颁布了餐饮业食品卫生管理办法，制定了一系列厨房卫生规范。中华人民共和国卫生部于2005年7月7日正式发布了《餐饮业和集体用餐配送单位卫生规范》，对厨房采购、加工、运输、销售以及加工经营场所、卫生管理、个人卫生等多个方面做出具体的规定。具体与厨房工作相关的卫生规范有：

一、原料采购和储存卫生规范

食品原料是餐饮业加工的对象，类别繁多，为了从源头上确保所经营食品的质量安全，必须重视各类市售原料的卫生，严把采购环节。食品原料的适量储存可使生产经营活动有计划的进行，然而在储存过程中食品新鲜度会不断下降，因此加强储存过程中的质量控制同样具有重要的意义。

1. 原料采购规范要求

（1）采购食品索证要求

采购时应索取发票等购货凭据，并做好采购记录；批量采购食品的，还应索取食品卫生许可证、检验（检疫）合格证明等。

（2）采购食品卫生要求

采购的肉类应鲜度合格，整片肉应盖有兽医卫生检验合格印章；采购的禽蛋应外表清洁，完整无损，略感粗糙，具有光泽；采购的蔬菜、水果应符合新鲜要求（选择大小均匀，发育充分，色泽鲜艳，成熟健壮无异色的水果；蔬菜饱满无枯萎、无损伤、无病虫害等现象；不采购腐烂、未成熟或过度成熟的蔬菜果品）；包装食品应标签完整，在有效保质期内。食用油脂、调味品、酒类、罐头食品包装无凸起现象。

（3）禁止采购的食品

采购员必须遵守食品卫生法，杜绝采购属于禁止生产经营的食品；禁止采购腐败变质、油脂酸败、霉变、生虫、污秽不洁、混有异物或者其他感官性状异常的食品；禁止采购含有毒、有害物质或者被有毒、有害物质污染的食品（如禁止采购河豚鱼，禁止采购农药超标食品）；禁止采购含有致病性寄生虫、微生物的，或者微生物毒素含量超过国家限定标准的食品（如禁止采购米猪肉、有横川吸虫寄生的鱼肉、发霉的花生）；禁止采购未经兽医卫生检验或者检验不合格的肉类及其制品；禁止采购病死、毒死或者死因不明的禽、畜、兽、水产品等及其制品；禁止采购容器包装污秽不洁、严重破损或者运输工具不洁造成污染的食品；禁止采购掺假、掺杂、伪造，影响营养、卫生的食品（如禁止采购注水猪、注水鸡、掺水奶等）；禁止采购用非食品原料加工的食品（如禁止采购苏丹红）；禁止采购超过保存期限的食品。

2. 食品储存卫生规范要求

（1）储存食品的场所、设备应当保持清洁，不得存放有毒、有害物质。

（2）储存食品入库前应进行验收，出入库时应登记，做好记录。

（3）食品应当分类、分架存放，距离墙壁、地面均在 10 cm 以上，并定期检查，使用时应遵循先进先出的原则，变质和过期食品应及时清除。

（4）食品冷藏、冷冻的卫生要求

冷藏是为了保鲜和防腐，将食品或原料置于冰点以上较低温度条件下储存的过程，冷藏温度的范围应在 0～10℃。冷冻是将食品或原料置于冰点温度以下，以保持冰冻状态的储存过程，冷冻温度的范围应在 －20～－1℃。

食品冷藏、冷冻贮藏应做到原料、半成品、成品严格分开，不得在同一冰室内存放。冷藏、冷冻柜（库）应有明显区分标志，宜设外显式温度（指示）计，以便于对冷藏、冷冻柜（库）内部温度的监测。食品在冷藏、冷冻柜（库）内贮藏时，应做到植物性食品、动物性食品和水产品分类摆放。食品在冷藏、冷冻柜（库）内贮藏时，为确保食品中心温度达到冷藏或冷冻的温度要求，不得将食品堆积、挤压存放。用于贮藏食品的冷藏、冷冻柜（库）应定期除霜、清洁和维修，以确保冷藏、冷冻温度达到要求并保持卫生。

（5）食品储存过程中应做好防尘、防鼠、防虫害工作。

二、食品加工人员卫生规范要求

从事食品加工工作的员工每天接触食品，个人卫生的好坏会直接或间接影响食品卫生质量。良好的个人卫生习惯有助于提高顾客对产品的满意度。因此，要求从事食品加工工作的员工必须讲究个人卫生。

1. 厨师身体健康要求

（1）不能上岗的员工

凡患有痢疾、伤寒、病毒性肝炎等消化道传染病（包括病原携带者），活动性肺结核、化脓性或者渗出性皮肤病以及其他有碍食品卫生疾病的，不得从事接触直接入口食品的工作。

（2）应调离岗位的员工

员工有发热、腹泻、皮肤伤口或感染、咽部炎症等有碍食品卫生病症的，应立即脱离工作岗位，待查明原因、排除有碍食品卫生的病症或治愈后，方可重新上岗。有浓毒性伤口、疖子、睑腺炎、甲沟炎、灰指甲等疾病，必须停止制作食品的工作，直到痊愈为止。

2. 厨师仪容仪表标准

（1）男员工

1）工作帽干净、挺直、端正；角（汗）巾干净平整，无汗渍；工作服、围裙干净、无皱无损、无异味；工作鞋干净、无油渍污物；工号牌按规定佩戴。

2）指甲短而干净；头发干净、短于领口，用帽子遮盖住；不留胡须。

3）每天刮胡子、洗澡，建议使用除臭剂；经常刷牙避免口臭。

4）禁止佩戴腕表、戒指、耳环以及其他一切身体上的环饰，包括舌环、鼻环、眉环等。

（2）女员工

1）工作帽干净、挺直、端正；角（汗）巾干净平整，无汗渍；工作服、围裙干净、无皱无损、无异味；工作鞋干净、无油渍污物；工号牌按规定佩戴。

2）指甲短而干净；头发干净，长发盘于脑后，短发用发夹固定，用帽子遮盖头发。

3）每天洗澡，经常洗发，建议使用除臭剂；经常刷牙避免口臭。

4）禁止佩戴腕表、戒指、耳环、舌环、鼻环、眉环等。

（3）指甲

1）不准留长指甲，要保持干净。

2）员工不能啃咬手指甲。

3）工作时不佩戴假指甲或涂指甲油。

（4）工作服

1）工作服要保持干净。

2）工作服要每天更换且在指定区域内穿着。

3) 穿着干净工作服工作且必须在更衣室内更换。

4) 不能穿着工作服上下班。

5) 工作中必须系围裙、角巾（汗巾），戴工作帽。

6) 围裙不能当手巾使用，在食品处理过程中，手接触过围裙或用围裙擦过手之后要洗手，离开食品准备区域时要解下围裙。

(5) 发型固定

1) 用帽子和发网固定、包裹头发，避免污染食品。

2) 在触摸或触碰过头发或者脸后，须照洗手程序洗手。

(6) 吸烟、吃东西、剔牙、嚼口香糖

1) 在指定吸烟区抽烟。

2) 不吐唾沫。

3) 只能在员工食堂内吃东西。

4) 工作时不剔牙，不嚼口香糖。

5) 在抽完烟、吃完东西及喝完饮料后要洗手。

(7) 病假、受伤记录、健康证

1) 患病员工不得上岗且必须通报行政总厨。

2) 如遇有割伤或其他受伤，不能继续进行开放性食品的加工或处理，直到伤愈为止。

3) 所有食品准备、加工区域都要备有急救用品。

3. 操作时手的卫生要求

(1) 洗手程序

先将双手淋湿→双手涂上洗涤剂→双手互相搓擦 20 s→用自来水彻底冲洗双手，工作服为短袖的应洗到肘部→用清洁纸巾、卷轴式清洁抹手布或烘手器弄干双手→关闭水笼头（手动式水笼头应用肘部或以纸巾包裹水龙头关闭）。

(2) 搓擦手的方法

1) 掌心对掌心搓擦（见图 3—1a）；

2) 手指交错掌心对手背搓擦（见图 3—1b）；

3) 手指交错掌心对掌心搓擦（见图 3—1c）；

4) 两手互握互搓指背（见图 3—1d）；

5) 拇指在掌中转动搓擦（见图 3—1e）；

6) 指尖在掌心中搓擦（见图 3—1f）。

(3) 厨房操作洗手的时机

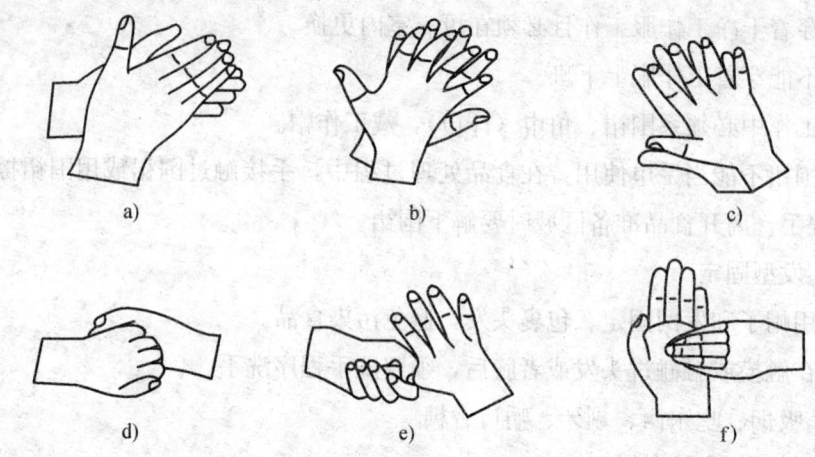

图 3—1 搓擦手的方法

开始工作前，处理食品前，上厕所后，处理生食品后，处理脏设备或脏饮食用具后，咳嗽、打喷嚏或擤鼻子后，处理动物或废物后，触摸耳朵、鼻子、头发、口腔或身体其他部位后，从事任何可能会污染双手的活动（如处理货项，执行清洁任务）后。

（4）手消毒的基本要求

员工接触直接入口食品时，手部还应进行消毒。清洗后的双手在消毒剂水溶液中浸泡 20～30 s 或涂擦消毒剂后充分揉搓 20～30 s。

4. 其他物品卫生要求

个人衣物及私人物品（如手机、杂志、钥匙等）禁止带入操作间。

三、面点工艺过程卫生要求

1. 粗加工及切配卫生要求

（1）不用腐败变质原料

加工前应认真检查待加工食品，发现有腐败变质迹象或者其他感官性状异常的，不得加工和使用。

（2）认真清洗原料

各种食品原料在使用前应洗净，动物性食品、植物性食品应分池清洗，水产品宜在专用水池清洗，禽蛋在使用前应对外壳进行清洗，必要时消毒处理。

（3）防止食品腐败变质

易腐食品应尽量缩短在常温下的存放时间，加工后应及时使用或冷藏。

（4）切断食品污染渠道

切配好的半成品应避免污染，与原料分开存放，并应根据性质分类存放。切配好的食品应按照加工操作规程，在规定时间内使用。

已盛装食品的容器不得直接置于地上，以防止食品污染。生熟食品的加工工具及容器应分开使用并有明显标志。

2. 烹调加工卫生要求

（1）烹调前应认真检查待加工食品，发现有腐败变质或者其他感官性状异常的，不得进行烹调加工。

（2）不得将回收后的食品（包括辅料）经烹调加工后再次供应。

（3）需要熟制加工的食品应当烧熟煮透，其加工时食品中心温度应不低于70℃。

（4）加工后的成品应与半成品、原料分开存放。

（5）需要冷藏的熟制品，应尽快冷却后再冷藏。

3. 点心加工卫生要求

（1）加工前应认真检查各种食品原辅料，发现有腐败变质或者其他感官性状异常的，不得进行加工。

（2）未用完的点心馅料、半成品点心，应在冷柜内存放，并在规定存放期限内使用。

（3）奶油类原料应低温存放。水分含量较高的含奶、蛋的点心应当在10℃以下或60℃以上的温度条件下储存。

（4）蛋糕坯应在专用冰箱中储存，储存温度10℃以下。

（5）裱浆和新鲜水果（经清洗消毒）应当天加工、当天使用。

（6）植脂奶油裱花蛋糕储藏温度在（3±2）℃，蛋白裱花蛋糕、奶油裱花蛋糕、人造奶油裱花蛋糕储存温度不得超过20℃。

4. 餐饮具的卫生

（1）餐饮具使用后应及时洗净，定位存放，保持清洁。消毒后的餐饮具应储存在专用保洁柜内备用，保洁柜应有明显标记。餐具保洁柜应当定期清洗，保持洁净。

（2）接触直接入口食品的餐饮具使用前应洗净并消毒。

（3）应定期检查消毒设备、设施是否处于良好状态。采用化学消毒的应定时测量有效消毒浓度。如氯剂使用浓度应含有效氯 250 mg/L 以上，餐饮具全部浸泡在液体中，作用 5 分钟以上。洗涤、消毒餐饮具所使用的洗涤剂、消毒剂必须符合食品用洗涤剂、消毒剂的卫生标准和要求。

(4) 不得重复使用一次性餐饮具。

(5) 已消毒和未消毒的餐饮具应分开存放，保洁柜内不得存放其他物品。

四、厨房卫生管理

厨房卫生管理工作，除了做好相应的厨房环境卫生管理外，还应从原料采购开始，经过加工生产直到服务销售为止。要做到各个环节的卫生管理达到规范要求，做好以下几个方面的工作：

1. 建立完善的卫生管理制度

建立健全完善的各项卫生管理制度，餐饮业厨房卫生管理制度一般有：

(1) 原料采购索证制度。

(2) 库房管理制度。

(3) 粗加工管理制度。

(4) 烹调加工管理制度。

(5) 主食面点管理制度。

(6) 餐具用具清洗消毒制度。

(7) 从业人员健康检查和卫生知识培训制度。

(8) 专间（凉菜、配餐、裱花、烧烤等）制作卫生管理制度。

(9) 卫生检查制度。

厨房管理人员应将这些制度挂在各个厨房加工间的适当位置，并让这些制度真正落到实处。

2. 卫生管理部门设置与人员要求

(1) 卫生责任人

餐饮业经营者和集体用餐配送单位的法定代表人或负责人是食品卫生安全的第一责任人，对本单位的食品卫生安全负全面责任。

(2) 卫生管理部门设置要求

应设置卫生管理职责部门，对本单位食品卫生负全面管理职责。

集体用餐配送单位、加工经营场所面积 1 500 m^2 以上的餐馆、食堂及连锁经营的生产经营者应设专职食品卫生管理员，其他生产经营者的食品卫生管理员可为兼职，但不得由加工经营环节的工作人员兼任。

集体用餐配送单位、加工经营场所面积 3 000 m^2 以上的餐馆、食堂及连锁经营的餐饮业经营者宜设置检验室，对食品原料、接触直接入口食品的餐饮具和成品进行检验，检验结果应记录。

（3）卫生管理员职责要求

食品卫生管理员应具备高中以上学历，有从事食品卫生管理工作的经验，参加过食品卫生管理员培训并经考核合格，身体健康并具有从业人员健康合格证明。

食品卫生管理员承担本单位食品生产经营活动卫生管理的职能，主要职责包括：组织从业人员进行卫生法律和卫生知识培训；制定食品卫生管理制度及岗位责任制度，并对执行情况进行督促检查；检查食品生产经营过程的卫生状况并记录，对检查中发现的不符合卫生要求的行为及时制止并提出处理意见；对食品卫生检验工作进行管理；组织从业人员进行健康检查，督促患有有碍食品卫生疾病和病症的人员调离相关岗位；建立食品卫生管理档案；接受和配合卫生监督机构对本单位的食品卫生进行监督检查，并如实提供有关情况；与保证食品安全卫生有关的其他管理工作。

3. 厨房环境卫生管理要求

（1）厨房（包括地面、排水沟、墙壁、天花板、门窗等）应保持清洁和良好状况。应该有厨房环境卫生清洁计划。许多饭店规定每天应擦拭 1.8 m 以下高度的厨房墙面，每周擦拭 1.8 m 以上的厨房墙面一次。

（2）厨房垃圾至少应每天清除一次（一般要求每班次清除一次或即产即清），清除后的容器应及时清洗，必要时进行消毒。

（3）垃圾放置场所不能有不良气味或有害（有毒）气体溢出，应防止有害昆虫的孳生，防止污染食品、食品接触面、水源及地面。

（4）食品加工过程中废弃的食用油脂应集中存放在有明显标志的容器内，按月统计废弃油脂的种类、数量和去向以及防止污染的设施、类型，定期按照《食品生产经营单位废弃食用油脂管理的规定》予以处理。

（5）厨房污水和废气排放应符合国家环保要求和排放标准。

（6）定期进行除虫灭害工作，防止害虫孳生。夏季至少每隔一周喷洒一次杀虫剂。除虫灭害工作不能在食品加工操作时进行，实施时对各种食品（包括原料）应有保护措施，如喷洒时食品要转移，设备、工具、容器要遮盖，实施后，设备、工具、容器要彻底清洗。

（7）使用杀虫剂进行除虫灭害，由专人按照规定的使用方法进行；使用时不得污染食品、食品接触面及包装材料，使用后应将所有设备、工具及容器彻底清洗。

（8）场所内如发现有害动物存在，应追查和杜绝其来源。扑灭方法以不污染食品、食品接触面及包装材料为原则。

4. 设备及工具卫生管理要求

(1) 建立加工操作设备及工具清洁制度

用于食品加工的设备及工具使用后应洗净，接触直接入口食品的还要进行消毒，《餐饮业和集体用餐配送单位卫生规范》推荐的场所、设施、设备及工具的清洁计划见表3—2。

表3—2　　　　　推荐的场所、设施、设备及工具的清洁计划

项目	频率	使用物品	方法
地面	每天完工或有需要时	扫帚、拖把、刷子、清洁剂及消毒剂	1. 用扫帚扫地 2. 用拖把以清洁剂、消毒剂拖地 3. 用刷子刷去余下污物 4. 用水彻底冲净 5. 用干拖把拖干地面
排水沟	每周一次或有需要时	铲子、刷子、清洁剂及消毒剂	1. 用铲子铲去沟内大部分污物 2. 用水冲洗排水沟 3. 用刷子刷去沟内余下污物 4. 用清洁剂、消毒剂洗净排水沟
墙壁、天花板（包括照明设施）及门窗	每月一次或有需要时	抹布、刷子及清洁剂	1. 用干布除去干的污物 2. 用湿布抹擦或用水冲刷 3. 用清洁剂清洗 4. 用湿布抹净或用水冲净 5. 风干
冷库	每周一次或有需要时	抹布、刷子及清洁剂	1. 清除食物残渣及污物 2. 用湿布抹擦或用水冲刷 3. 用清洁剂清洗 4. 用湿布抹净或用水冲净 5. 用清洁的抹布抹干/风干
工作台及洗涤盆	每次使用后	抹布、清洁剂及消毒剂	1. 清除食物残渣及污物 2. 用湿布抹擦或用水冲刷 3. 用清洁剂清洗 4. 用湿布抹净或用水冲净 5. 用消毒剂消毒 6. 风干
工具及加工设备	每次使用后	抹布、刷子、清洁剂及消毒剂	1. 清除食物残渣及污物 2. 用水冲刷 3. 用清洁剂清洗 4. 用水冲净 5. 用消毒剂消毒 6. 风干

续表

项目	频率	使用物品	方法
排烟设施	表面每周一次或有需要时	抹布、刷子及清洁剂	1. 用清洁剂清洗 2. 用刷子、抹布去除油污 3. 用湿布抹净或用水冲净 4. 风干
废弃物暂存容器	每天完工或有需要时	刷子、清洁剂及消毒剂	1. 清除食物残渣及污物 2. 用水冲刷 3. 用清洁剂清洗 4. 用水冲净 5. 用消毒剂消毒 6. 风干

（2）清洗消毒时注意防止污染食品、食品接触面。

（3）采用化学消毒的设备及工具消毒后要彻底清洗。

（4）已清洗和消毒过的设备和工具，应在保洁设施内定位存放，避免再次受到污染。

（5）用于食品加工操作的设备及工具不能用做与食品加工无关的用途。

5. 食品添加剂的管理

食品添加剂的使用应符合 GB 2760《食品添加剂使用卫生标准》的规定，并应有详细记录。食品添加剂存放应有固定的场所（或橱柜）并上锁，包装上应标示"食品添加剂"字样，并有专人保管。

6. 留样要求

（1）配送的集体用餐及重要接待活动供应的食品成品要留样。

（2）留样食品要按品种分别盛放于清洗消毒后的密闭专用容器内，在冷藏条件下存放 48 小时以上，每个品种留样量不少于 100 g。

7. 记录管理

（1）原料采购验收、加工操作过程关键项目、卫生检查情况、人员健康状况及教育与培训情况、食品留样、检验结果及投诉情况、处理结果、发现问题后采取的措施等均予以记录。

（2）各项记录均要有执行人员和检查人员的签名。

（3）各岗位负责人要督促相关人员按要求做好记录，并每天检查记录的有关内容。食品卫生管理员要经常检查相关记录，记录中如发现异常情况，要立即督促有关人员采取措施。

（4）有关记录至少要保存 12 个月。

第4章
饮食成本核算知识

第1节 饮食业的成本概念

一、成本和饮食成本

1. 成本的概念和意义

成本属价值范畴，是用价值表现生产中的耗费。广义的成本是指企业为生产各种产品而支出的各项耗费之和，它包括企业在生产过程中原材料、燃料、动力的消耗，劳动报酬的支出，固定资产的损耗等。

成本可以综合反映企业的管理质量，如企业劳动生产率的高低、原材料使用是否合理、产品质量好坏、企业生产经营管理水平等。很多因素都能通过成本直接或间接地反映出来。

成本是企业竞争的主要手段。在市场经济条件下，企业的竞争主要是价格与质量的竞争，而价格的竞争归根到底是成本的竞争。在毛利率稳定的条件下，只有低成本才能创造更多的利润。

成本可以为企业经营决策提供重要数据。在现代企业中，成本愈来愈成为企业管理者投资决策、技术决策、经营决策的重要依据。

2. 餐饮成本的概念和特点

餐饮成本是指餐饮企业出售产品和服务的支出，即餐饮销售减去利润的所有支出。由于餐饮企业具有兼生产、销售、服务于一体的行业特点，在厨房范围内很难逐一精确计算菜点的所有支出，因此，在厨房范围内菜点的成本只计算直接体现在菜点中的消耗，即构成菜点的原材料耗费之和，它包括食品原料的主料、配料和调料。而生产菜点过程中的其他耗费，如水、电、燃料的消耗，劳动报酬，固定资产折旧等都作为"费用"处理。这些"费用"由企业会计另设科目分别核算，在厨房范围内一般不进行具体计算。

成本是制定菜点价格的重要依据，价格是价值的货币表现。产品价格的确定应以价值作为基础，而成本则是用价值表现的生产耗费，所以，菜点中原材料耗费是确定产品价值的基础，是制定菜点价格的重要依据。

餐饮业成本具有变动成本比重大、成本泄漏点多等特点。

二、成本核算

成本核算是餐饮市场激烈竞争的客观要求，是餐饮成本控制的必要手段。加强餐饮企业成本核算，最大限度地降低餐饮成本，尽可能为顾客提供超值服务，已成为餐饮企业经营管理的核心目标和任务。

企业管理者对产品生产中各项生产费用的支出和产品成本的形成进行核算，就是产品的成本核算。在厨房范围内主要是对耗用原材料成本的核算，包括记账、算账、分析、比较的核算过程，以计算各类产品的单位成本和总成本。

单位成本是指每个菜点单位所耗费的成本，如元/份、元/千克、元/盘等。

总成本是指单位成本的总和或某种、某类、某批或全部菜点成品在某核算期间的成本之和。

成本核算的过程既是对菜点实际加工制作耗费的反映，也是对主要费用实际支出的控制过程，它是整个成本管理工作的重要环节。

1. 成本核算的任务

（1）精确地计算各个菜点的单位成本，为合理地确定菜点的销售价格打下基础。

（2）促使各加工制作、经营部门不断提高技术和经营服务水平，加强加工制作管理，严格按照所核实的成本耗用原料，保证产品质量。

（3）揭示单位成本提高或降低的原因，指出降低成本的途径，改善经营管理，提高企业经济效益。

2. 成本核算的意义

（1）正确执行物价政策。

（2）维护消费者的利益。

(3) 为国家节约资源。

(4) 促进企业改善经营管理。

3. 保证成本核算工作顺利进行的基本条件

(1) 建立健全菜点的用料定额标准，保证加工制作的基本尺度。

(2) 建立健全菜点加工制作的原始记录，保证全面反映加工制作状态。

(3) 建立健全计量体系，保证实测值的准确。

4. 餐饮成本核算方法

餐饮成本核算的方法，一般是按厨房实际领用的原材料计算已售出产品耗用的原材料成本。核算期则根据企业要求，有的企业每月计算一次，有的企业除成本月报外，还要进行日成本核算和成本日报，以便于及时发现与检查经营情况。

成本核算的具体计算方法为：如果厨房领用的原材料当月用完而无剩余，领用的原材料金额就是当月菜点的成本。如果有余料，在计算成本时应进行盘点，并从领用的原材料中减去余料，求出当月实际耗用原材料的成本，即采用"以存计耗"倒求成本的方法。计算公式为：

本月耗用原材料成本＝厨房原料月初结存额＋本月领用额－月末盘存额

【例 4—1】某厨房进行本月原料消耗的月末盘存，其结果剩余 1 580 元原料成本。已知此厨房本月共领用原料成本 7 600 元，上月末结存罐头等原料成本 960 元，问此厨房本月实际消耗原料成本为多少元？

解：本月实际耗料成本＝上月结存额＋本月领用额－月末盘存额

$$=960+7\,600-1\,580$$
$$=6\,980（元）$$

答：此厨房本月实际消耗原料成本为 6 980 元。

第 2 节　出材率的基本知识

一、出材率概述

1. 出材率的概念

出材率是表示原材料利用程度的指标，是指原材料加工后可用部分的质量（净质量）与加工前原材料总质量（毛质量）的比率。

出材率的类似名称很多，烹饪行业经常使用的名称有净料率、熟品率、生料率、拆卸率、涨发率等。在实际工作中，可以按具体加工情况适当命名，如对于苹果的去皮加工就可以用净料率来表示，由热加工变成熟料的原料加工可以用熟品率来表示。出材率具有概括性，它不管加工程度如何，而是针对加工前后的质量变化而言的，因此，凡是表示原料加工前后质量变化的比率都可统称出材率。

2. 出材率计算公式

$$出材率（\%）=\frac{加工后可用原料质量}{加工前全部原料质量}\times 100\%$$

【例4—2】苹果2 500 g，经加工得苹果皮、核共450 g，求苹果的出材率是多少？

解：加工后可用苹果质量＝2 500 g－450 g＝2 050 g

$$苹果出材率=\frac{2\ 050}{2\ 500}\times 100\%=82\%$$

答：苹果的出材率为82％。

【例4—3】干木耳200 g，经涨发得水发木耳0.75 kg，求木耳的涨发率是多少？

解：$木耳涨发率=\frac{0.75}{0.2}\times 100\%=375\%$

答：木耳涨发率为375％。

3. 影响出材率的因素

原材料的规格、质量和处理技术是决定出材率高低的两大因素。在两大因素中，如果有一个因素有变化则出材率就会发生变化。例如，同一品种、同一种规格、质量的原料，由于处理者的技术水平不同，出材率就可能不同；相反，如果处理者技术水平相同，但原料的规格、质量不同，出材率也会发生变化。

二、出材率的应用

1. 预测原料加工后的质量

根据加工前原料质量，运用出材率，可预测原料加工后的质量。计算公式为：

$$加工后原料质量＝加工前原料质量\times 出材率$$

【例4—4】某种原料2.5 kg，加工时净料率为80％，问此原料加工后应得到多少千克的净料？

解：加工后原料质量＝2.5×0.8
　　　　　　　　　＝2（kg）

答：此原料经加工应得到 2 kg 的净料。

2. 预测需采购原料的质量

根据菜点用料的需要，运用出材率，可预测需要采购或准备的原料的质量。计算公式为：

$$加工前原料质量 = \frac{加工后原料质量}{出材率}$$

【例 4—5】某厨房做某菜点 10 份，其中每份用主料 0.3 kg，已知此主料的出材率为 80%，问在正常情况下，制作 10 份此菜点需要准备多少千克的主料？

解：需要的主料质量 $= \frac{0.3}{0.8} \times 10 = 3.75$ （kg）

答：需要准备 3.75 kg 的主料。

3. 计算加工后原料的单位成本

根据加工前原料进货价格及出材率，可计算加工后原料的单位成本。计算公式为：

$$加工后原料单位成本 = \frac{加工前原料单位进价}{出材率}$$

【例 4—6】已知某原料购进价为每千克 12 元，经加工其出材率为 60%，求加工后此料的单位成本是多少？

解：加工后原料单位成本 $= \frac{12}{0.6} = 20$ （元/kg）

答：加工后原料单位成本为每千克 20 元。

4. 检验加工处理水平和鉴定原材料质量

由于出材率与原料品质、加工方法和操作人员技术水平有着密切的关系，因此，通过原料出材率情况，在原料品质相同、加工方法统一时，可以考核操作人员的加工技术水平。当操作人员的加工处理水平稳定在标准水平时，可以判断原料的品质。

三、出材率与损耗率关系

1. 损耗率的概念与计算公式

损耗率与净料率相对应，是指原料在加工处理后损耗的原料质量与加工前原料质量的比率。计算公式为：

$$损耗率（\%）= \frac{加工后原料损耗质量}{加工前原料总质量} \times 100\%$$

加工后原料损耗质量是加工前原料总质量与加工后原料净重之差。用公式可表示为：
$$加工后原料损耗质量 = 加工前原料总质量 - 加工后原料净质量$$

2. 出材率与损耗率的关系换算

出材率与损耗率之和为百分之百，可用公式表示为：
$$出材率 + 损耗率 = 100\%$$

【例4—7】某厨房购进某原料5 kg，经加工损耗率为10%，试求此料的净料质量是多少？

解：净料率 = 100% - 10% = 90%

　　净料质量 = 5 × 90% = 4.5 kg

答：此料的净料质量为4.5 kg。

第3节　净料成本的计算

原材料成本是构成菜点成本的重要依据。因此计算菜点成本，必须首先计算菜点原材料成本。原材料在使用过程中，如果不需要初步加工，直接配制菜点，这时原料成本就是其进价成本。如果需要初步加工，则必须在符合下述两个基本条件下进行计算：第一，原材料加工前后的质量必须发生变化，即加工前原材料质量不等于加工后原材料的质量。第二，加工前原料的进货价格，必须等于加工后原料或半制品成本。对于后者，要进行菜点的成本计算，必须首先对菜点进行净料的单位成本计算。

一、净料的概念

净料是指直接配制菜点的原料，它包括经加工配制为成品的原料和购进的半制品原料。

二、净料单位成本的计算

净料单位成本的计算方法大致有两种。

1. 生料的单位成本计算

由于生料加工后下脚料的处理情况不同，计算生料单位成本的方法有4种：

（1）一料一挡净料计算

1) 加工前是一种生料，加工后还是一种生料或半制品，且下脚料无作价价款时，加工后生料单位成本为：加工前原料的进货总值除以加工后原料的质量，计算公式为：

$$加工后原料单位成本=\frac{加工前原材料进货总值}{加工后原料质量}$$

【例4—8】 某厨房购入胡萝卜8 kg，进货价格为2元/kg。去皮后得到净胡萝卜6.5 kg，求每千克净胡萝卜的单位成本是多少？

解：净胡萝卜单位成本=2×8/6.5=2.46（元/kg）

答：净胡萝卜的单位成本为2.46元/kg。

2) 加工前是一种原料，加工后还是一种原料或半制品，但下脚料有作价价款时，其生料单位成本的计算方法是：首先从加工前原料总值中扣除下脚料的作价部分，然后除以加工后原料质量，计算公式是：

$$加工后原料单位成本=\frac{加工前原料总值-下脚料作价价款}{加工后原料质量}$$

【例4—9】 用鸡肉制馅购整鸡2.6 kg，每千克单价为25.6元，经加工得鸡肉1.8 kg，下脚料翅、爪、内脏等另作他用，作价12.8元，求每千克鸡肉的单位成本是多少？

解：鸡肉单位成本=$\frac{25.6\times 2.6-12.8}{1.8}$=29.87（元/kg）

答：鸡肉的单位成本为每千克29.87元。

(2) 一料多挡净料计算

加工前是一种原料，加工后是若干挡原料或半制品。这种情况下，原料单位成本的计算有三种方法：

1) 如果加工后所有原料的单位成本都是从来没有计算过的，则首先根据这些原料逐一确定它的单位成本，然后使各挡成本之和等于进货总值。

2) 在所有加工后原料中，如果有些加工后原料的单位成本是已知的，有些是未知的，应首先把已知的那部分总成本算出来，并从毛料的进货总值中扣除，然后根据未知的加工后原料，逐一确定其单位成本。

3) 在加工后原料中，如果只有一种原料的单位成本需要测算，其他原料成本都是已知的，则先把已知的原料总成本算出来，从毛料的进货总值中扣除，然后再计算未知原料的单位成本。具体计算公式是：

$$加工后待求原料单位成本=\frac{加工前原料总值-加工后各挡原料作价价款总和}{加工后待求原料质量}$$

【例4—10】活鸡1只重2.5 kg，每千克18.6元，经过宰杀、洗涤得生光鸡1.75 kg，准备取肉分挡使用，其中鸡脯占20%；鸡腿和其他部位占40%，作价32元/kg；其他下脚料等占40%，作价18元/kg，求每千克鸡脯的单位成本是多少？

解：鸡脯单位成本 $= \dfrac{18.6 \times 2.5 - (1.75 \times 40\% \times 32 + 1.75 \times 40\% \times 18)}{1.75 \times 20\%}$

$= \dfrac{46.5 - (22.4 + 12.6)}{0.35}$

$= 32.85$（元/kg）

答：鸡脯的单位成本为每千克32.85元。

(3) 用"成本系数"法计算原料成本

加工后原料单位成本等于成本系数乘以原料购进价。用公式可表示为：

加工后原料单位成本 = 成本系数 × 原料购进价

成本系数是指原料加工后成本与加工前成本的比值，用公式可表示为：

$$成本系数 = \dfrac{加工后原料单位成本}{加工前原料单位成本}$$

用成本系数法计算加工后原料成本，只适用于出材率相同的食品原料。

【例4—11】某原料购进成本为8.2元/kg，经加工后其成本为13.50元/kg，试计算此原料的成本系数是多少？

解：成本系数 $= \dfrac{13.5}{8.2} = 1.64$

答：此原料的成本系数为1.64。

【例4—12】已知某原料的成本系数为1.8，现购进同质量的原料5 kg，进价为16元/kg，问加工后此原料的单位成本应为多少元？

解：加工后原料单位成本 $= 16 \times 1.8$

$= 28.8$（元/kg）

答：加工后此原料单位成本为每千克28.8元。

2. 半制品（熟品）的单位成本计算

半制品是经过初步熟处理或调味拌制、腌制的各种生料的净料。根据在加工过程中是否耗用了调味品，可分为无味半制品和有味半制品。

(1) 无味半制品成本计算

无味半制品单位成本计算公式为：

$$无味半制品单位成本 = \dfrac{生料总值}{无味半制品（熟品）质量}$$

【例4—13】某料5 kg，已知此料进价13元/kg，煮熟得熟料3 kg，求此熟料的单位成本是多少？

解：熟料单位成本 $=\dfrac{13\times 5}{3}=21.67$（元/kg）

答：此熟料的单位成本为每千克21.67元。

(2) 调味半制品成本计算

调味半制品成本是由生料成本和调味品成本两部分组成。

调味半制品单位成本计算公式为：

$$调味半制品单位成本=\dfrac{生料总值+调味品总值}{调味半制品（熟品）质量}$$

【例4—14】某料5 kg，已知此料进价15元/kg，经加工得净生料4.9 kg，调料（成本共计4元）腌制后，熟制得熟料4.5 kg，求每100 g此熟料的成本是多少？

解：熟料每100 g成本 $=\dfrac{15\times 5+4}{4.5\times 10}=1.76$（元）

答：此熟料每100 g的成本为1.76元。

三、净料成本的计算

净料成本是在净料单位成本基础上的成本之和。

净料成本的计算公式为：

$$净料成本=净料单位成本\times 净料质量$$

第4节　成品成本计算

一、单位成品的成本计算

单位菜点的成本，是指构成单一菜肴、点心所耗用的主料成本、配料成本和调味品成本之和。由于菜肴、点心成品的加工有成批制作和单件制作两种类型，因此产品的成本计算方法也相应的有两种。

1. 批量制作的单一菜点的成本计算

成批制作的菜点，由于单位菜点的用料、规格、质量完全一致，因此求成本时,求出每批菜点的总成本,然后再根据这批菜点的件数,求出单位菜点的平均成本。

$$单位菜点成本 = \frac{本批菜点耗用的原料总成本}{菜点数量}$$

本批菜点耗用的原料总成本＝本批菜点所用的主料成本＋配料成本＋调味品成本

【例4—15】炸面包圈20个,用面粉750 g,面粉进价为3.8元/kg;豆油250 g,单位成本为12.6元/kg;调料成本共计5.4元,求面包圈的单位成本是多少?

$$解:面包圈单位成本 = \frac{3.8 \times 0.75 + 12.6 \times 0.25 + 5.4}{20}$$

$$= \frac{11.4}{20}$$

$$= 0.57（元/个）$$

答:面包圈单位成本为每个0.57元。

2. 单件制作的单一菜点的成本计算

单件制作的菜点成本计算的方法是:首先,分别逐一求出单件菜点所耗用的各种原料成本;然后,逐一相加各种原料成本即为单一菜点成本。计算公式为:

单一菜点成本＝单一菜点所用的主料成本＋配料成本＋调味品成本

【例4—16】某厨师制作蛋糕坯1个,用鸡蛋500 g,每千克9.2元;白糖250 g,每千克8元;面粉250 g,每千克3.4元,其他辅料成本2元,求此蛋糕坯成本是多少?

$$解:蛋糕坯成本 = 9.2 \times 0.5 + 8 \times 0.25 + 3.4 \times 0.25 + 2$$

$$= 4.6 + 2 + 0.85 + 2$$

$$= 9.45（元）$$

答:此蛋糕坯成本为9.45元。

二、菜点总成本的计算

菜点总成本是菜点单位成本的总和。计算公式为:

菜点总成本＝菜点单位成本×菜点数量

菜点总成本＝菜点的主料成本＋配料成本＋调料成本

【例4—17】某菜肴制作需3种原料,其中A种原料成本12元,B种原料300 g(已知此料进价每千克16元,熟品率为60%),C种原料400 g(每千克成本24元),试求此菜肴的成本。

解：(1) 分别计算各原料成本

A 种原料成本 = 12（元）

B 种原料成本 = $\dfrac{16\times 0.3}{0.6}$ = 8（元）

C 种原料成本 = 24×0.4 = 9.6（元）

(2) 计算菜肴总成本

$$\text{菜肴总成本} = 12+8+9.6$$
$$= 29.6（元）$$

答：此菜肴总成本为 29.6 元。

第5章 安全生产知识

第1节 厨师生产安全习惯养成

厨师生产安全习惯是指厨师在从事一切与厨房生产相关的活动时养成的、不容易改变的、能有效避免生产事故发生的行为。

一、常规安全习惯

厨师常规安全习惯是厨师行业沿袭下来的，为避免危险事故立下的规矩。它是一种良好的职业素养，是从事该行业的人员必须首先养成的习惯。

1. 基本安全行为习惯

（1）不在厨房内跑动、打闹。

（2）不随处乱放刀具，不用刀具指向他人。

（3）手拿刀具行进中，手心紧握刀背，并将手紧贴于身体的侧前方。

（4）不在通道、楼梯口堆放货物，当地面有油、水、食物泼撒时，主动立即清除。

（5）只在规定的吸烟区（吸烟室）吸烟，不乱丢弃烟头。

（6）任何时候都不将易燃物，如汽油、酒精、抹布、纸张等放置在火源附近。

2. 着装习惯养成

厨房员工在厨房生产中按规定着装，不仅是保证厨房食品卫生与安全的需要，也是有效防止火灾、摔伤、磕伤等事故发生的需要。

(1) 身着饭店工作服、工作帽、角巾、围裙和鞋，鞋带、围裙、角巾必须系好系紧，防止脱落。

(2) 上衣口袋不放火柴、打火机、香烟、纸张等易燃物。

(3) 笔、小勺放在左臂上的口袋内。

二、货物搬运安全

搬运物品在厨房生产操作中极为常见，厨房里发生的扭伤、摔伤、砸伤、划伤事故往往与搬运货物有关。这一方面有厨师自身劳动技巧问题；另一方面也有厨房环境安全隐患引发的问题。

1. 地面搬运货物安全

将货物从地面抬起或将货物举起放置高处的过程，如果用力不当、姿势不当、身体重心掌握不当均有可能发生扭伤、夹伤、轧伤、砸伤事故，所以，在地面搬运货物时，要注意：

(1) 搬运重物前，应先观察四周，确定搬运轨迹及目的地，应尽量使用手推车。

(2) 从地面搬起重物时应先站稳、挺直背、弯膝盖，不可向前或向侧弯曲，重心在腿部。

(3) 搬运重物（汤桶、垃圾桶）或大型设备，尽量与其他厨师合作完成，不可一次性超负荷搬运货物。

(4) 将物体推举向高处时，应一气呵成。

(5) 不用扭转腰背的方式从反方向搬运物品。

(6) 不独立搬运超过人体高度的物品。

(7) 搬运长形物体时保持前高后低，尤其是上下楼梯、转角处或前面有障碍物时。

(8) 推滚圆形物体时（如圆形桌面）应站在物体后面，双手不放在圆形物体弧线的边缘。

2. 使用工作梯安全

厨房里发生的摔伤事故，有一些是工作中不能正确使用扶梯造成的。在使用工作梯时应该注意：

(1) 梯子架在平坦稳固的立足点，梯面与地面的夹角应在60°左右。

(2) 上下梯子时，两手两脚不能同时放在同一横档上，重心应维持在身体的中间。

(3) 在上下梯子的过程中，不能手拿任何物件。

(4) 不得使用任何有缺陷的梯子。

(5) 梯子绝对不许架设在门口，除非将门锁上或有专人看守。

(6) 不容许两人同在一架梯子上工作。

(7) 梯子用后，必须立即收妥。

3. 瓷片及玻璃器皿搬运安全

厨房使用的瓷片多为各式盘子、碗、汤勺、汤古子等用餐器皿。厨房瓷片搬运中容易发生的事故主要是划伤，所以大宗瓷片玻璃器皿搬运应该按以下程序进行：

(1) 搬运瓷片或器皿时应该穿平底胶鞋，不佩戴松弛的饰物，并戴手套保护双手。

(2) 瓷片搬运前，要先检查有无破损，将破损的瓷片器皿挑出并及时报损。

(3) 搬运较多瓷片（盘碟）时，应该使用手推车。

(4) 使用手推车应将瓷片平稳地码放在推车上，瓷片码放不宜太多、太高。

(5) 碗、盘、玻璃器皿打碎时，不要用手捡拾，要用扫帚清理。

4. 货车使用安全

使用货车（手推车）运送货物时，最容易造成砸伤、轧伤等事故，应当注意：

(1) 装货前，要将车停稳固定，防止溜车。

(2) 往车上码放重物时，应该有人扶车，注意重物在下轻物在上，不超负荷载重。

(3) 车上物品码放不能超过运货人视线，防止货车轧人、撞人撞物。

(4) 推车时应控制车速，不能推车跑，不拉车后退行走。

(5) 推车运货时遇拐角处，人应站在车的一侧双手拉车。

(6) 载重推车如遇上下电梯，应找人帮忙；如遇地面不平整时，行进速度要放缓，防止颠簸造成货物散落砸伤他人。

5. 大型冷藏库、冷冻库工作安全

进入大型冷库搬运物品，应做到：

(1) 进入冷库前，要穿好防冻大衣、防滑鞋。

(2) 戴防冻手套，保护双手免遭冻伤。

(3) 使用货车搬运，地面应铺防滑垫。

(4) 坚持重物在下、轻物在上、分别贮藏的原则。

(5) 熟知安全出口和警铃的位置。

(6) 确认库内无人后，再关闭（锁）库门。

第2节 安全用电知识

一、触电及触电的形式

1. 触电的概念

触电是指人体与带电体接触，使电流通过人体造成生理机能的破坏，如烧伤、肌肉抽搐、呼吸困难、昏迷、心脏麻痹以致死亡的过程。触电对人体的危害程度与电流的频率、通过人体的电流大小、电流通过人体的部位、通过时间的长短等都有直接的关系。

实践表明，50 Hz 的交流电对人体的伤害是致命的。当电流通过人的头部和心脏时是最危险的。例如，50 Hz 的交流电，电流为 50 mA，通过人体持续数十秒钟，就会使人死亡。

2. 触电的形式

触电形式可分为单相触电、两相触电、跨步电压触电、接触电压触电 4 种。

(1) 单相触电

单相触电指在中性点接地的电网中，当人体触及一根相线（火线）时造成的触电。大部分触电事故都是单相触电事故。

(2) 两相触电

两相触电指人体同时与两根相线接触造成的触电。在带电的电杆上工作发生的触电事故大都是两相触电，两相触电一般危险性比较大。

(3) 跨步电压触电

带电导线断落在地上，以落地点为中心，地上形成不同的电位，当人的两脚站在落地点附近，两脚之间就会形成电压而引起触电。

(4) 接触电压触电

人体与电气设备的带电外壳相接触而引起的触电，称为接触电压触电。

3. 触电救护方法

(1) 迅速脱离电源

发现有人触电时，应尽快使触电人员脱离电源，使触电人员脱离电源有以下 3 种方法：

第一，开关在附近时，迅速拉开开关，把电源切断。如果开关拉后，导线仍然有电，则应迅速用干燥木棒把导线挑开。

第二，开关不在附近时，可用干燥木棒、竹竿或叫带绝缘手柄的电工把导线迅速挑开或剪断。如果身边什么都没有，可用较厚的干燥围巾把一只手包上（不可用两只手）去拉触电人衣服，使触电人脱离电源。

第三，如果发现在高压设备上触电，应采用相应电压等级的绝缘工具使触电者脱离带电设备。如果在高处触电，还须预防触电者在脱离电时从高处摔下的危险。

（2）触电者脱离电源后，应视情况迅速采取救护措施。

第一，触电者脱离电源后，若神志清醒，只是感到心慌，四肢发麻身无力，或者一度昏迷，但很快恢复知觉，则应使触电者在空气流通的地方静卧休息1～2小时，不要走动，让其慢慢恢复正常，并注意病情变化。

第二，触电者脱离电源后，若触电者已停止呼吸，应毫不迟疑地用人工呼吸方法进行抢救，同时拨打急救电话。

（3）人工呼吸的方法

人工呼吸方法很多，有口对口吹气法、俯卧压背法、仰卧压胸法，目前，在抢救触电者时，现场多用俯卧压背法。具体操作如下：

第一，置触电者于俯卧位，即胸腹贴地，腹部可微微垫高，头偏侧，两臂伸过头，一臂枕于头下，另一臂向外伸开，以使胸廓扩张。

第二，救护人面向其头，两腿屈膝跪地于伤病人大腿两旁，把两手在其背部肩胛骨下角（大约相当于第七对肋骨处）、脊椎骨左右，大拇指靠近脊椎骨，其余四指稍张开微弯。

第三，救护人俯身向前，慢慢用力向下、稍向前推压。当救护人的肩膀与病人肩膀成一直线时，不再用力。这个向下、向前推压的过程，即是将肺内的空气压出，形成呼气。然后慢慢放松回身，使外界空气进入肺内，形成吸气。

第四，按上述动作，反复有节律地进行，每分钟14～16次。

注意：对于孕妇、胸背部有骨折者不宜采用此法。

二、厨师常规用电安全养成

1. 熟记电气设备的开关位置。
2. 清洗电气设备时必须断电。
3. 在清理机械电气设备时，只用布擦拭电源插座和开关，不要将水喷淋到电源插座和开关上。

4. 工程人员断电挂牌作业时，严禁合闸。
5. 厨房员工不得随意处理突发的断电事故。
6. 下班时关闭所有电灯、排气扇、电烤箱等电气设备。

第3节 厨房防火与防爆安全知识

一、燃气灶的正确点火方法

1. 先打开燃气总阀。
2. 用火柴划火凑近点火棒火嘴，拧开点火棒开关，点燃点火棒。
3. 将用过的火柴放入罐头盒内或玻璃容器内。
4. 点火棒火焰凑近炉灶火眼，拧开灶具开关点燃灶具燃气。
5. 关闭点火棒开关，将点火棒插入灶具侧面的指定位置。

二、燃气灶风门的调节

燃气灶正常燃烧时，火焰呈蓝色。工作中如发生下列情况，应对火焰风门进行调节：

1. 当炉灶燃烧的火焰发红或冒烟时，说明灶具进风量小，应调大风门。
2. 当炉灶燃烧发生回火时，要关闭灶具开关，先调小风门再点火，火点着后再调节风门，使燃烧火焰正常。
3. 当炉灶燃烧发生离焰现象时，说明进风量大，应调小风门。

三、燃气灶具漏气的处理程序

1. 关紧燃气灶具总开关。
2. 切断附近全部电源（不准开启电器开关，包括电灯），熄灭附近一切火焰。
3. 将门窗打开，使室内空气流通。
4. 如使用液化气罐，应将其迅速移至室外空旷地方。

四、灶台前操作的防火要求

1. 油炸食品时，将油锅搁置平稳，并控制好油温。

2. 油锅加热时，人不能离开，油温达到适当高度，应立即放入菜肴、食品。

3. 遇油锅起火，可直接用锅盖或湿抹布覆盖，不可向锅内浇水灭火。

4. 煨、炖、煮各种食品、汤时，应有人看管，汤沸腾时应调小炉火或打开锅盖，防止汤汁外溢熄灭火焰，造成燃气泄漏。

5. 炉具使用完毕，立即熄灭火焰，关闭气源，通风散热。

五、手提式灭火器的使用方法

厨房人工灭火一般使用干粉灭火器。干粉灭火剂是用于灭火的干燥且易于流动的微细粉末，由具有灭火效能的无机盐和少量的添加剂经干燥、粉碎、混合而成的微细固体粉末组成。它是一种在消防中得到广泛应用的灭火剂，且主要安装于灭火器中。干粉灭火剂主要通过在加压气体作用下喷出的粉雾与火焰接触、混合时发生的物理、化学作用灭火。手提式干粉灭火器的操作方法是：

1. 一手提灭火器的提把，另一手托灭火器底部，上下颠倒几次，使灭火器筒内的干粉松动。

2. 在距离起火点 5 m 左右处，放下灭火器（如果着火点有风，应占据上风方向）。

3. 拔下保险销，一只手握住喷嘴，另一只手用力按下压把，干粉便会从喷嘴中喷射出来。

4. 如果引起火灾的介质为流散液体，扑救时应从火焰侧面，对准火焰根部喷射，并由近而远，左右扫射，快速推进，直至把火焰全部扑灭。

5. 如果引起火灾的介质为容器内可燃液体，扑救时应从火焰侧面对准火焰根部，左右扫射。当火焰被赶出容器时，应迅速向前，将余火全部扑灭。

6. 如果引起火灾的介质为固体物质，扑救时应将灭火器嘴对准燃烧最猛烈处，左右扫射，并应尽量使干粉灭火剂均匀地喷洒在燃烧物的表面，直至把火全部扑灭。

7. 使用灭火器注意事项

（1）灭火时不能把喷嘴直接对准起火点液面喷射，防止干粉气流的冲击力使油液飞溅，引起火势扩大，造成灭火困难。

（2）灭火过程中灭火器应始终保持直立状态，不得横卧或颠倒使用，否则不能喷粉。

（3）防止灭火后的复燃。因为干粉灭火器冷却作用甚微，在着火点存在炽热物的条件下，灭火后易产生复燃。

第4节 厨房设备的安全使用知识

现代化的食品烹调加工机械设备能力非凡，在减轻劳动量的同时，还大大提高了工作效率。但这些设备有可能会轧伤、砍伤、碾伤、切伤甚至截掉人的肢体或其他器官。所以我们在厨房生产操作中，要严格执行操作规范，重视生产安全。

新员工在独立使用机械设备前，必须经过设备使用方面的培训，使员工学会正确拆卸、组装和正确使用设备的方法，培训合格后才可独立上岗操作。

一、面点厨房常用加热设备及安全操作方法

1. 电热烤箱

电热烤箱是目前大部分宾馆、酒店面点厨房必备的设备。主要用于焙烤各种中西糕点，也可烹制菜肴。加热方法上通常分为常规式、对流式、旋转式和微波式。规格上有单门单层、单门多层、多门单层、多门多层等。电烤箱的基本操作步骤是：

（1）接通电源，打开开关。通常是按控制面版中的绿色按钮。

（2）设定底面火温度。根据产品质量要求，通过旋转温度调节钮，设定面火和底火的温度（60～350℃）。温度指示窗中指针指示的温度，是此刻烤箱实际达到的温度，此时调节钮边绿灯亮。当温度指示窗中的指针指示在所设定的温度时，红色指示灯亮。

（3）烤制产品。打开烤箱门，放入待加热的半成品生坯。有些烤箱在控制面板中带有烤箱内照明灯的开关，烤制工艺中可随时打开照明灯观察制品颜色和形态变化。

（4）结束工作。烤制工艺完成后，取出制品，关闭烤箱门。

（5）关闭烤箱开关，切断电源。

2. 万能蒸烤箱（电力蒸汽对衡式焗炉）

万能蒸烤箱是近些年问世的集烤、蒸烤、蒸、微波、烟熏等功能于一体的新型加热设备，其能源可以使用燃气，也可以使用电力。万能蒸烤箱兼备热干风、蒸汽、微波、烟熏等多种功能，充分利用强风循环的优点，在短时间可烹调出大量食物。

每个品牌的万能蒸烤箱都可能有自己的默认键,品牌不一,默认键可能有所区别。伊莱克斯万能蒸烤箱的操作步骤是:

(1) 接通电源,打开进水阀门。

(2) 打开开关,机器预热 10~20 s 后,即可使用。

(3) 确定功能。根据烹饪方法选择功能键:蒸(30~130℃)/蒸烤(30~300℃)/烘烤(30~300℃)湿度可根据所需进行微调。

(4) 确定温度。按温度计键转动滚轴,选择温度。

(5) 调节时间或调节探针温度。按钟表探针键钟表灯亮后,转动滚轴,选择所需要的时间;如果需要原料内部温度,可把探针插入原料内,按钟表探针键(温度探针拥有六个检测点,能精确测出食品中心温度),转动辊轴,调节所需要的温度。

(6) 确定其他功能。根据生产情况选择图标"u"按键,转动滚轴选择暂停/再加热/蒸煮保温/HACCP/半自动清洗循环/风扇速度减半/加热功率减半/节省功能/炉腔排气/手动注水键/锅炉手动排水键/炉腔迅速降温键。

(7) 烹调加热运行。按"start"键设定烤炉温度,放入原料。如需要知道原料内部温度,可插入探针。

(8) 结束烹调。菜肴烹制完成后,打开箱门,取出食物(打开和关闭炉门,需要转动两下扳手,此目的是防止一下打开炉门,被热气烫伤)。

(9) 清洗功能。按住"p"键待指示灯亮后调节辊轴,根据炉内清洁程度进行 4 个挡位从低到高调节。调好后按"start"键开始自动清洗(全自动无菌清洗装置符合 HACCP 国际卫生标准,蒸烤箱底部可更换洗涤剂)。

(10) 其他功能按键。按住"p"按钮变亮后,选择手动注水键/锅炉手动排水键/炉腔迅速降温键。

(11) 不再继续使用时,应关闭开关和进水阀门,切断电源。

3. 保温操作台

保温操作台是一种台式的保温设备,它可以面对客人,直接为客人服务。一般适于餐厅使用。保温操作台的操作步骤是:

(1) 接通电源,打开操作台开关,加上水。

(2) 设定温度。逆时针旋转旋钮,调节操作台底部温度挡位(设定范围为 1~10 挡),数字越高,温度越高。

(3) 如果食物表面需要保温或光线较暗,可打开保温照明灯。

(4) 工作结束。设备使用完毕,关闭保温灯开关和操作台开关。

(5) 将案板清洗干净，擦干放回操作台。

4. 醒发箱

醒发箱的箱体大都是不锈钢制成的，由密封的外框、活动门、不锈钢管托架、电源控制开关、水槽和温湿度调节器等部件组成。工作原理是利用电热丝将水槽内的水加热蒸发，使面团在一定的温湿度条件下充分发酵、膨胀。醒发箱工作时，风机在加温和加湿时，自动转动吹出风量，将醒发箱内的温度和湿度搅拌均匀，如此循环，使箱内温度保持在设定的范围内。夏天使用醒发箱，当室内温度较高时，可根据实际情况停止加热系统，只启动加湿系统补充箱内的湿度。一般是将醒发箱的温度和湿度调节到理想温湿度后再进行制品的发酵。

在使用时应注意醒发箱要放置平衡，确保水箱内有水能正常使用。另外注意醒发温度不宜过高，否则会影响酵母菌繁殖，甚至引起菌种死亡。发酵箱的操作步骤是：

(1) 接通电源，确定水箱有水后，打开总开关。如果水箱内没有水，应先加入清水后再打开开关。

(2) 设置温度。旋转控制面板上的温度调节钮，设置需要的工作温度。（如36～38℃），湿度（30%～100%RH）。当旋钮上方的加热指示灯亮时，表示设定程序完成，已通电加热；当箱内温度达到设定温度后，加热指示灯熄灭，表示发酵箱已自动进入恒温状态，箱内将保持设定的温度和湿度。

(3) 当温湿度符合要求后，即可放入面坯。

(4) 醒发完成后，取出面坯。

(5) 工作结束，关闭开关，断开电源。

5. 炸炉

炸炉是采用单一烹饪方法——油炸，使原料熟制的炉灶设备。炸炉主要由长方形油槽、油脂过滤器、钢丝炸篮及热能控制装置组成。炸炉大部分以电供能传热，可自动控制油温。炸炉的使用方法：

(1) 打开炸炉盖，倒入植物油。

(2) 打开开关。根据生产需要，在控制面板上选择温度挡位（数字越高温度越高）。根据原料质地和烹饪时间的需求来调节温度高低。

(3) 油温热后即可炸制原料，成熟后可将网筐架起，控油。

(4) 炸制结束后，所有旋钮回零关闭。

(5) 油使用过久后如果需要更换，打开底部柜门，各有左右两个控油槽，按住红色扳手右侧按钮，同时向下搬动红色扳手，炸炉的油就可通过滤网滤到油槽中，清洗滤网中的渣子。过滤完后，再按住按钮把红色扳手复位。根据油的使用情况，继续使用或更换新油。关闭柜门。

6. 电磁炉

电磁炉是采用磁场感应涡流加热原理，利用电流通过线圈产生磁场，当磁场内的磁力通过含铁质锅底部时，即会产生无数小涡流，使锅本身自行高速发热，再加热锅内食物。电磁炉具有自动性、多功能性、防水性、无废气、无明火、节能省电、操作简单、使用方便等特点。电磁炉的使用方法是：

（1）接通电源。

（2）打开开关，设置功能。在控制面板上通过按钮（或旋钮）确定烹调方法、温度、火力。

（3）使用平底锅进行菜肴烹制。

（4）工作结束。关闭开关，切断电源。

7. 燃气灶

在厨房中灶是最主要的烹调设备，尽管被一些设备（如蒸烤箱、炸炉等）所取代，但是灶还是厨房设备不可缺少的一部分。灶的种类很多，有明火灶、平顶灶、感应炉灶等。但燃气灶还是常用的一种，主要适用于各种类型的锅来烹制食物。燃气灶的操作步骤是：

（1）打开燃气阀门。

（2）打火。按住旋钮，逆时针对准星号旋转自动电子打火，继续旋转开关到火苗位置（可选择火力大小），同时子火点燃。

（3）在燃气灶上放锅，即可把主火点燃，进行全部加热。

（4）烹制完成后，当锅离开燃气灶，主火自动熄灭。

（5）不使用炉灶，应关闭旋转旋钮回零，子火熄灭。

（6）长时间不使用的炉灶，要关闭燃气总阀门。

燃气灶操作注意事项：

第一，要注意确保打开煤气开关前点火器已点燃，如果点火未着，要关掉煤气开关，保持通风一段时间，再点燃。

第二，调节好火力，保证最大火苗为蓝色焰身、白黄色焰尖。

8. 电饼铛

电饼铛主要使用于面点厨房，具有上、下铛双面烙制加热食品的功能，加热部分则采用大面积全封闭形式，热效率高，清洁卫生。可用来制作各种饼类食物，如烙制煎饼、烧饼、锅贴、水煎包、薄饼等食品。电饼铛操作步骤是：

(1) 接通电源，按上挡键开关。

(2) 通过旋转钮设定温度（50~150℃），达到所需的温度电饼铛能自动停止加热，温度不够，自动开启，达到了节能的目的。

(3) 在饼铛底部刷油，放入面饼原料，盖上盖子。

(4) 面饼成熟后，打开盖子，取出制好的饼类食品。

(5) 关闭上挡键开关，盖上盖子。

(6) 长期不使用，应断开电源。注意电饼铛不要用水清洗，以免损害内部线路。

二、面点厨房常用电气设备及安全操作方法

1. 冷冻柜

冷冻柜是厨房中必备的一种设备，温度范围为-18~-10℃的设备，主要用于储存各种肉类食物、水产品等原料。温度范围为-28~-23℃的设备，一方面用于速冻食品原料；另一方面用于储藏雪糕、冰激凌等食品。冷冻柜的使用方法是：

(1) 接通电源。

(2) 设置温度。根据生产需要，设定温度。待温度符合要求后，即可存放食物原料。

(3) 食物原料存放前要用保鲜膜包装，并擦干表面水分，贴上日期标签。存取食物时动作要快，拿完食物后立即关上门（门要关严）。

(4) 定期清理排风扇表面的灰尘，更换密封条。

(5) 长期不使用时应断开电源，清理干净内部，打开柜门。

2. 冷藏柜

冷藏柜是厨房储存小批量原料的冷藏设备，温度范围为-5~5℃，主要用于储存水果、蔬菜等水分含量较多的原料。冷藏柜的容积一般比普通冰箱大，但占用空间不多，使用十分方便，是厨房热菜间的主要设备，使用方法与冷冻柜相同。

3. 绞肉机

绞肉机工作主要靠旋转的螺杆将料斗箱中的原料推挤到预切孔板处，利用转动的切刀刃和孔板上孔眼刃形成的剪切作用将原料切碎，并在螺杆挤压力的作用下，将原料不断排出机外。绞肉机可根据物料性质和加工要求的不同，配置相应的刀具和孔板，即可加工出不同尺寸的颗粒，满足下道工序的工艺要求。

其广泛适用于加工制作各种香肠、火腿肠、午餐肉、丸子和其他肉类制品。绞

肉机的操作步骤是：

(1) 接通电源，打开开关。

(2) 在竖桶中放入切成小块的原料（如果原料较大，严禁用手向下捅原料，务必要借助塑料棒向下杵桶中的原料）。

(3) 待原料被绞成馅，从绞肉机中完全出来后，关闭开关。

(4) 切断电源。

(5) 拆卸刀片等零部件，清洗。

(6) 清洗擦干后，组装、固定还原。

4. 切割机

切割机是肉、骨类原料加工的机械设备，用以切割大块的带骨肉、冻肉、家禽等分解设备。通过高速旋转的锯条，锯断骨肉。切割机操作步骤是：

(1) 接通电源。

(2) 确定安装锯条，并关闭锁紧上下门。

(3) 固定原料。根据原料大小，调节横挡板，固定原料。

(4) 抬起保护棒，卡住原料。

(5) 原料切割。开动开关，向前推动保护棒，直到锯断原料。

(6) 使用完后，关闭开关。

(7) 切断电源，进行拆卸清洗。清洗完成后，擦干部件并组装。

5. 轧皮机

轧皮机适用于面食加工业，如制作面条、云吞皮、糕点、面包，揉压各种酥、韧性面坯。

当面坯调制好后，为了使组织松散的面坯变成紧密的、具有一定厚度的成型面片，需要进行辊压。面坯在压片时，受到机械力的作用，使面坯产生纵向和横向的张力。只需将面坯放置在下输送带上，开机后即可自动输送，揉、压、折叠，即可用于压片和成型上的操作。此机器在厨房大大降低了劳动强度。轧皮机操作步骤是：

(1) 接通电源。

(2) 调节薄厚。拧松螺栓调节操纵杆到所需的薄厚，再拧紧螺栓。

(3) 调节速度。拧松螺栓调节操纵杆到所需要的速度，再拧紧螺栓。

(4) 打开开关。

(5) 放入面坯。

(6) 抬起托板90°放入面坯进入轧面机，严禁用手向下推送面坯。反复操作直到符合所需要的薄厚程度。

(7) 关闭开关，切断电源。

6. 丹麦开酥机

丹麦开酥机能将面坯轧成多层次的薄片，使面皮层次均匀、软硬适度。此机械可双方向操作，前快后慢按比例传动，起酥薄厚可灵活调节，开酥效果好。适用于做擘酥、水油皮、清酥等有层次的面坯。丹麦开酥机操作步骤是：

(1) 接通电源，放下防护罩。

(2) 打开轧面机电源开关。

(3) 调节压面厚度（从厚到薄，逐渐调节）。

(4) 把面团放到左侧传送带上。

(5) 向右推动横杆，或踩右侧踏板。

(6) 按开启键（start）。

(7) 当面团到右侧传送带，向左推动横杆或踩左侧踏板。

(8) 反复操作直到面团达到符合厚度为止。

(9) 停止或紧急情况按红色按钮（stop, emergency）。

(10) 关闭机器总开关，不使用时切断电源。

7. 搅拌机

(1) 立式搅拌机

立式搅拌机是面点厨房中的重要设备，用途十分广泛，主要用于食品原料的搅拌和加工。搅拌机的型号很多，可根据生产需要选择不同体积、容量的型号。搅拌机的零部件有三种（抽子部件、搅拌桨部件、面团臂部件），生产中要根据搅拌原料性状的不同进行部件的选择。多数的搅拌机都设有三种速度（慢、中、快），工艺中可根据需要选择。搅拌机操作步骤是：

1) 接通电源后，把原料和搅拌部件放入搅拌钢桶中。固定好钢桶后，提升手柄逆时针方向旋转，使钢桶提升。

2) 将装满食物的容器组装在配件连接器下方，然后逆时针旋紧搅拌部件。

3) 打开开关，先进行低速搅拌，然后可根据需要来调节搅拌速度。

4) 搅拌工作完成，将控制开关复位到为"0"位置，关闭开关。

5) 先顺时针方向旋动放下手柄，钢桶下降。顺时针旋松搅拌部件，然后将固定装满食物的钢桶取下，倒出搅拌好的原料。

6) 清洗搅拌钢桶和搅拌部件。在不使用时，请将插头从插座上取下。

(2) 手提式搅拌器

目前，食品机械市场为减少厨房占用空间，新研制出一种手提式搅拌器，用于食品原料的搅拌和粉碎，厨师使用该设备更加方便灵活。其操作步骤是：

1) 进行组装，把搅拌棒旋转插入主发动机中，卡好。
2) 接通电源。
3) 为安全起见，两只手食指分别同时按把手按钮和把手顶部按钮。机器启动后，松开把手顶部按钮，通过按压把手按钮调节搅拌速度的快慢。也可按把手侧面按钮，进行持续搅拌。
4) 在容器中即可进行原料搅拌，使用完后，断开电源。
5) 拆卸并清洗，擦干。

8. 搅拌切割机（VCM，Vertical Cutter/Mixer）

搅拌切割机是由电机、原料容器和不锈钢叶片刀组成。用来快速切碎和搅拌大批量的食物，还可以用来搅拌液体物质。

其适宜打碎水果蔬菜，也可以混合搅打浓汤、鸡尾酒、调味汁、乳化状的沙司等。搅拌切割机操作步骤是：

（1）接通电源。
（2）向左旋转卸下原料桶，打开桶盖，放入所需切割的原料类型的刀片（切片、末、碎、块等）。
（3）再放入原料，盖好扣紧桶盖。
（4）原料桶向右扣紧在主发动机上固定好。
（5）打开开关（绿色按钮），按黑色按钮控制速度。
（6）搅拌切割完毕，按红色按钮停止。
（7）向左搬动把手，卸下原料桶。倒出原料，清洗擦干。
（8）不使用时切断电源。

注意事项：

第一，严密监控加工时间，其加工时间很短，哪怕是多切一秒也会使食物变样。

第二，使用前确保机器安装稳妥。

第三，关掉机器时，要等到刀片完全停止，再打开盖子。

第四，保持刀片锋利，钝刀片会捣烂食物。

三、厨房设备安全操作基本要求

1. 机械设备操作安全

机械设备运转是连续不断的,在发生安全事故的瞬间,当事人由于恐惧和慌乱,往往进行错误操作。所以机械安全事故一旦发生,对厨师造成的伤害就十分严重。绞肉机、切片机、粉碎机割手,轧面机、轧片机、和面机、搅拌机夹手是最常见的机械设备事故。

(1) 熟知机械设备关闭按扭的位置,并熟练掌握停机操作的方法。
(2) 注意力集中,严格按机械设备说明书操作。
(3) 使用随机配带的辅助工具作业(如绞肉机必须使用专门的填料器)。
(4) 机械设备若发生故障,应立即切断电源并报修。
(5) 机械设备使用完毕进行卫生清理时,必须切断电源。

2. 灶台前工具设备操作安全

在灶台前操作不慎,最容易发生的事故是火灾和烫伤。

(1) 上灶台操作前,要先将所用工具、原料放在自己的动作域范围内,尽量减少工作动线。
(2) 不使用手柄松动的锅和手勺。
(3) 油锅加热过程中,控制油温、油量,不离开炉灶。
(4) 容器盛装热油不超过五成满,热汤不超过七成满;端起时应垫布,并提醒他人注意。
(5) 热锅离火(热烤盘出烤箱、热器皿出蒸箱)前,要准备好移放的位置。
(6) 拿取热源附近的金属用具应垫布,清洗擦拭工具设备时,应待其冷却后再进行。
(7) 不往炉灶的火眼内倒置各种杂质、废物。
(8) 炉灶使用完毕,应立即关闭气源。
(9) 发现炉灶设施漏气,要先关闭总气阀,然后立即报修。

3. 案台前工具设备操作安全

在案台前操作要先将工具、原料、器皿、带手布等放在动作域范围内,案台前操作容易引起的安全事故,主要是刀具的划伤、割伤。

(1) 操作时不用刀指手画脚。
(2) 不随意在案台上放置刀具,防止刀具下滑伤人。
(3) 刀具和锋利的器具不慎滑落,落地前不用手接挡。

(4) 清洁刀具锐利部位，应将带手布折叠成一定厚度，从刀口中间部位轻慢地向外擦。

(5) 在案台前暂停切配时，刀具要刀口向外平放在墩子（案板）上。

(6) 使用专用工具开启罐头，不用手直接接触罐头盒开启的接口。

第6章
相关法律与法规知识

第1节 《中华人民共和国劳动法》相关知识

一、《中华人民共和国劳动法》概述

1. 概述

1994年7月5日第八届全国人民代表大会常务委员会第八次会议通过《中华人民共和国劳动法》，1995年1月1日起正式施行。《中华人民共和国劳动法》（以下简称《劳动法》）是为了保护劳动者的合法权益，调整劳动关系，建立和维护适应社会主义市场经济的劳动制度，促进经济发展和社会进步，根据宪法制定。国务院劳动行政部门主管全国劳动工作。县级以上地方人民政府劳动行政部门主管本行政区域内的劳动工作。

2. 主要内容

《劳动法》共有13章，107条。包括劳动合同和集体合同、工作时间和休息休假、工资、劳动安全卫生、女职工和未成年工特殊保护、职业培训、社会保险和福利、劳动争议、法律责任等。

3. 适用范围

中国境内的企业、个体经济组织（一般雇工在7人以下的个体工商户）与劳动者之间，只要形成劳动关系，即劳动者事实上已成为企业、个体经济组织的成员，

并为其提供有偿劳动，适用劳动法。

国家机关、事业组织、社会团体实行劳动合同制度的以及按规定应实行劳动合同制度的工勤人员，实行企业化管理的事业组织的人员，其他通过劳动合同与国家机关、事业组织、社会团体建立劳动关系的劳动者，适用劳动法。

公务员和比照实行公务员制度的事业组织和社会团体的工作人员，以及农村劳动者（乡镇企业职工和进城务工、经商的农民除外）、现役军人和家庭保姆等不适用劳动法。

中国境内的企业、个体经济组织在劳动法中被称为用人单位。国家机关、事业组织、社会团体和与之建立劳动合同关系的劳动者依照劳动法执行。根据劳动法的这一规定，国家机关、事业组织、社会团体应当视为用人单位。

二、劳动合同

1. 劳动合同的订立

用人单位应与其富余人员、放长假的职工，签订劳动合同，但其劳动合同与在岗职工的劳动合同在内容上可以有所区别。用人单位与劳动者经协商一致可以在劳动合同中就不在岗期间的有关事项做出规定。

用人单位应与其长期被外单位借用的人员、带薪上学人员以及其他非在岗但仍保持劳动关系的人员签订劳动合同，但在外借和上学期间，劳动合同中的某些相关条款经双方协商可以变更。

请长病假的职工，在病假期间与原单位保持着劳动关系，用人单位应与其签订劳动合同。

原固定工中经批准的停薪留职人员，愿意回原单位继续工作的，原单位应与其签订劳动合同；不愿回原单位继续工作的，原单位可以与其解除劳动关系。

党委书记、工会主席等党群专职人员也是职工的一员，依照劳动法的规定，与用人单位签订劳动合同。对于有特殊规定的，可以按有关规定办理。

经理由其上级部门聘任（委任）的，应与聘任（委任）部门签订劳动合同。实行公司制的经理和有关经营管理人员，应依据《中华人民共和国公司法》的规定与董事会签订劳动合同。

在校生利用业余时间勤工助学，不视为就业，未建立劳动关系，可以不签订劳动合同。

用人单位发生分立或合并后，分立或合并后的用人单位可依据其实际情况与原用人单位的劳动者遵循平等自愿、协商一致的原则变更原劳动合同。

派出到合资、参股单位的职工如果与原单位仍保持着劳动关系，应当与原单位签订劳动合同，原单位可就劳动合同的有关内容在与合资、参股单位订立劳务合同时，明确职工的工资、保险、福利、休假等有关待遇。

租赁经营（生产）、承包经营（生产）的企业，所有权并没有发生改变，法人名称未变，在与职工订立劳动合同时，该企业仍为用人单位一方。依据租赁合同或承包合同，租赁人、承包人如果作为该企业的法定代表人或者该法定代表人的授权委托人时，可代表该企业（用人单位）与劳动者订立劳动合同。

用人单位与劳动者签订劳动合同时，劳动合同可以由用人单位拟定，也可以由双方当事人共同拟定，但劳动合同必须经双方当事人协商一致后才能签订，职工被迫签订的劳动合同或未经协商一致签订的劳动合同为无效劳动合同。

用人单位与劳动者之间形成了事实劳动关系，而用人单位故意拖延不订立劳动合同，劳动行政部门应予以纠正。用人单位因此给劳动者造成损害的，应按规定进行赔偿。

2. 劳动合同的主要内容

劳动者被用人单位录用后，双方可以在劳动合同中约定试用期，试用期应包括在劳动合同期限内。试用期是用人单位和劳动者为相互了解、选择而约定的不超过6个月的考察期。一般对初次就业或再次就业的职工可以约定。在原固定工进行劳动合同制度的转制过程中，用人单位与原固定工签订劳动合同时，可以不再约定试用期。

无固定期限的劳动合同是指不约定终止日期的劳动合同。按照平等自愿、协商一致的原则，用人单位和劳动者只要达成一致，无论初次就业的，还是由固定工转制的，都可以签订无固定期限的劳动合同。无固定期限的劳动合同不得将法定解除条件约定为终止条件，以规避解除劳动合同时用人单位应承担支付给劳动者经济补偿的义务。

用人单位经批准招用农民工，其劳动合同期限可以由用人单位和劳动者协商确定。从事矿山井下以及在其他有害身体健康的工种、岗位工作的农民工，实行定期轮换制度，合同期限最长不超过8年。

劳动者与同一用人单位签订的劳动合同的期限不间断达到10年，劳动合同期满双方同意续订劳动合同时，只要劳动者提出签订无固定期限劳动合同的，用人单位应当与其签订无固定期限的劳动合同。在固定工转制中各地如有特殊规定的，从其规定。

用人单位用于劳动者职业技能培训费用的支付和劳动者违约时培训费的赔偿可

以在劳动合同中约定，但约定劳动者违约时负担的培训费和赔偿金的标准不得违反原劳动部《违反〈劳动法〉有关劳动合同规定的赔偿办法》（劳部发〔1995〕223号）有关规定。

用人单位在与劳动者订立劳动合同时，不得以任何形式向劳动者收取定金、保证金（物）或抵押金（物）。对违反以上规定的，应按照原劳动部、公安部、全国总工会《关于加强外商投资企业和私营企业劳动管理切实保障职工合法权益的通知》（劳部发〔1994〕118号）和原劳动部办公厅《对"关于国有企业和集体所有制企业能否参照执行劳部发〔1994〕118号文件中的有关规定的请示"的复函》（劳办发〔1994〕256号）的规定，由公安部门和劳动行政部门责令用人单位立即退还给劳动者本人。

3. 经济性裁员

用人单位确需裁减人员，应按下列程序进行：

（1）提前30日向工会或全体职工说明情况，并提供有关生产经营状况的资料。

（2）提出裁减人员方案，内容包括：被裁减人员名单、裁减时间及实施步骤，符合法律、法规规定和集体合同约定的被裁减人员的经济补偿办法。

（3）将裁减人员方案征求工会或者全体职工的意见，并对方案进行修改和完善。

（4）向当地劳动行政部门报告裁减人员方案以及工会或者全体职工的意见，并听取劳动行政部门的意见。

（5）由用人单位正式公布裁减人员方案，与被裁减人员办理解除劳动合同手续，按照有关规定向被裁减人员本人支付经济补偿金，并出具裁减人员证明书。

4. 劳动合同的解除和无效劳动合同

劳动合同的解除分为法定解除和约定解除两种。根据劳动法的规定，劳动合同既可以由单方依法解除，也可以双方协商解除。劳动合同的解除，只对未履行的部分发生效力，不涉及已履行的部分。

无效劳动合同是指所订立的劳动合同不符合法定条件，不能发生当事人预期的法律后果的劳动合同。劳动合同的无效由人民法院或劳动争议仲裁委员会确认，不能由合同双方当事人决定。

劳动者涉嫌违法犯罪被有关机关收容审查、拘留或逮捕的，用人单位在劳动者被限制人身自由期间，可与其暂时停止劳动合同的履行。暂时停止履行劳动合同期间，用人单位不承担劳动合同规定的相应义务。劳动者经证明被错误限制人身自由的，暂时停止履行劳动合同期间劳动者的损失，可由其依据《中华人民共和国国家赔偿法》要求有关部门赔偿。

劳动者被依法追究刑事责任的，用人单位可依据《劳动法》第 25 条解除劳动合同。"被依法追究刑事责任"是指：被人民检察院免予起诉的、被人民法院判处刑罚的，被人民法院依据《中华人民共和国刑法》第 32 条免予刑事处分的，劳动者被人民法院判处拘役、三年以下有期徒刑缓刑的，用人单位可以解除劳动合同。劳动者被劳动教养的，用人单位可以依据被劳教的事实解除与该劳动者的劳动合同。

按照《劳动法》第 31 条的规定，劳动者解除劳动合同，应当提前 30 日以书面形式通知用人单位。超过 30 日，劳动者可以向用人单位提出办理解除劳动合同手续，用人单位予以办理。如果劳动者违法解除劳动合同给原用人单位造成经济损失，应当承担赔偿责任。

劳动者违反劳动法规定或劳动合同的约定解除劳动合同（如擅自离职），给用人单位造成经济损失的，应当根据《劳动法》第 102 条和原劳动部《违反〈劳动法〉有关劳动合同规定的赔偿办法》（劳部发〔1995〕223 号）的规定，承担赔偿责任。

除《劳动法》第 25 条规定的情形外，劳动者在医疗期、孕期、产期和哺乳期内，劳动合同期限届满时，用人单位不得终止劳动合同。劳动合同的期限应自动延续至医疗期、孕期、产期和哺乳期期满为止。

请长病假的职工在医疗期满后，能从事原工作的，可以继续履行劳动合同；医疗期满后仍不能从事原工作也不能从事由单位另行安排的工作的，由劳动鉴定委员会参照工伤与职业病致残程度鉴定标准进行劳动能力鉴定。被鉴定为一至四级的，应当退出劳动岗位，解除劳动关系，办理因病或非因工负伤退休退职手续，享受相应的退休退职待遇；被鉴定为五至十级的，用人单位可以解除劳动合同，并按规定支付经济补偿金和医疗补助费。

5. 解除劳动合同的经济补偿

用人单位依据《劳动法》第 24 条、第 26 条、第 27 条的规定解除劳动合同，应当按照劳动法和原劳动部《违反和解除劳动合同的经济补偿办法》（劳部发〔1994〕481 号）支付劳动者经济补偿金。用人单位依据《劳动法》第 25 条解除劳动合同，可以不支付劳动者经济补偿金。劳动者依据《劳动法》第 32 条第 1 项解除劳动合同，用人单位可以不支付经济补偿金，但应按照劳动者的实际工作天数支付工资。

劳动合同期满或者当事人约定的劳动合同终止条件出现，劳动合同即行终止，用人单位可以不支付劳动者经济补偿金。国家另有规定的,从其规定。

在原固定工实行劳动合同制度的过程中,企业富余职工辞职,经企业同意可以不与企业签订劳动合同的,企业应根据《国有企业富余职工安置规定》(国务院令第 111 号,1993 年公布)发给劳动者一次性生活补助费。

职工在接近退休年龄(按有关规定一般为五年以内)时因劳动合同到期终止劳动合同的,如果符合退休、退职条件,可以办理退休、退职手续;不符合退休、退职条件的,在终止劳动合同后按规定领取失业救济金。享受失业救济金的期限届满后仍未就业,符合社会救济条件的,可以按规定领取社会救济金,达到退休年龄时办理退休手续,领取养老保险金。

劳动合同解除后,用人单位对符合规定的劳动者应支付经济补偿金。不能因劳动者领取了失业救济金而拒付或克扣经济补偿金,失业保险机构也不得以劳动者领取了经济补偿金为由,停发或减发失业救济金。

三、工资

1. 最低工资

劳动法中的"工资"是指用人单位依据国家有关规定或劳动合同的约定,以货币形式直接支付给本单位劳动者的劳动报酬,一般包括计时工资、计件工资、奖金、津贴和补贴、延长工作时间的工资报酬以及特殊情况下支付的工资等。"工资"是劳动者劳动收入的主要组成部分。

劳动者的以下劳动收入不属于工资范围:(1)单位支付给劳动者个人的社会保险福利费用,如丧葬抚恤救济费、生活困难补助费、计划生育补贴等;(2)劳动保护方面的费用,如用人单位支付给劳动者的工作服、解毒剂、清凉饮料费用等;(3)按规定未列入工资总额的各种劳动报酬及其他劳动收入,如根据国家规定发放的创造发明奖、国家星火奖、自然科学奖、科学技术进步奖、合理化建议和技术改进奖、中华技能大奖等,以及稿费、讲课费、翻译费等。

《劳动法》第 48 条中的"最低工资"是指劳动者在法定工作时间内履行了正常劳动义务的前提下,由其所在单位支付的最低劳动报酬。最低工资不包括延长工作时间的工资报酬,以货币形式支付的住房和用人单位支付的伙食补贴,中班、夜班、高温、低温、井下、有毒、有害等特殊工作环境和劳动条件下的津贴,国家法律、法规、规章规定的社会保险福利待遇。

在劳动合同中,双方当事人约定的劳动者在未完成劳动定额或承包任务的情况下,用人单位可低于最低工资标准支付劳动者工资的条款不具有法律效力。

劳动者与用人单位形成或建立劳动关系后，试用、熟练、见习期间，在法定工作时间内提供了正常劳动，其所在的用人单位应当支付其不低于最低工资标准的工资。

企业下岗待工人员，由企业依据当地政府的有关规定支付其生活费，生活费可以低于最低工资标准，下岗待工人员重新就业的，企业应停发其生活费。女职工因生育、哺乳请长假而下岗的，在其享受法定产假期间，依法领取生育津贴；没有参加生育保险的企业，由企业照发原工资。

职工患病或非因工负伤治疗期间，在规定的医疗期间内由企业按有关规定支付其病假工资或疾病救济费，病假工资或疾病救济费可以低于当地最低工资标准支付，但不能低于最低工资标准的80%。

2. 延长工作时间的工资报酬

实行每天不超过8小时，每周不超过40小时标准工作时间制度的企业，以及经批准实行综合计算工时工作制的企业，应当按照劳动法的规定支付劳动者延长工作时间的工资报酬。全体职工已实行劳动合同制度的企业，一般管理人员（实行不定时工作制人员除外）经批准延长工作时间的，可以支付延长工作时间的工资报酬。

实行计时工资制的劳动者的日工资，按其本人月工资标准除以平均每月法定工作天数（实行每周40小时工作制的为21.16天）进行计算。

实行综合计算工时工作制的企业职工，工作日正好是周休息日的，属于正常工作；工作日正好是法定节假日时，要依照《劳动法》第44条第3项的规定支付职工的工资报酬。

3. 有关企业工资支付的政策

经济困难的企业执行原劳动部《工资支付暂行规定》（劳部发〔1994〕489号）确有困难，应根据以下规定执行：

（1）企业发放工资确有困难时，应发给职工基本生活费，具体标准由各地区、各部门根据实际情况确定。

（2）地方政府通过财政补贴，企业主管部门有可能也要拿出一部分资金，银行要拿出一部分贷款，共同保证职工基本生活和社会的稳定。

（3）企业可以对职工实行有限期的放假。职工放假期间，由企业发给生活费。

四、工作时间和休假

1. 综合计算工作时间

经批准实行综合计算工作时间的用人单位，分别以周、月、季、年等为周期综合计算工作时间，但其平均日工作时间和平均周工作时间应与法定标准工作时间基本相同。

对于那些在市场竞争中，由于外界因素的影响，生产任务不均衡的企业的部分职工，经劳动行政部门严格审批后，可以参照综合计算工时工作制的办法实施，但用人单位应采取适当方式确保职工的休息休假权利和生产、工作任务的完成。

经批准实行不定时工作制的职工，不受《劳动法》第41条规定的日延长工作时间标准和月延长工作时间标准的限制，但用人单位应采用弹性工作时间等适当的工作和休息方式，确保职工的休息休假权利和生产、工作任务的完成。

中央直属企业、企业化管理的事业单位实行不定时工作制和综合计算工时工作制等其他工作和休息办法的，须经国务院行业主管部门审核，报国务院劳动行政部门批准。地方企业实行不定时工作制和综合计算工时工作制等其他工作和休息办法的审批办法，由省、自治区、直辖市人民政府劳动行政部门制定，报国务院劳动行政部门备案。

2. 延长工作时间

休息日安排劳动者工作的，应先按同等时间安排其补休，不能安排补休的应按《劳动法》第44条第2项的规定支付劳动者延长工作时间的工资报酬。法定节假日（元旦、春节、劳动节、国庆节）安排劳动者工作的，应按《劳动法》第44条第3项支付劳动者延长工作时间的工资报酬。

协商是企业决定延长工作时间的程序，企业确因生产经营需要，必须延长工作时间时，应与工会和劳动者协商。协商后，企业可以在劳动法限定的延长工作时数内决定延长工作时间，对企业违反法律、法规强迫劳动者延长工作时间的，劳动者有权拒绝。若由此发生劳动争议，可以提请劳动争议处理机构予以处理。

3. 休假

劳动者连续工作一年以上的，享受带薪年休假。具体按《带薪年休假条例》规定执行。

第2节 《中华人民共和国食品安全法》相关知识

一、《中华人民共和国食品安全法》概述

1. 概述

为保证食品安全，保障公众身体健康和生命安全，《中华人民共和国食品安全法》于2009年2月28日第十一届全国人民代表大会常务委员会第七次会议通过，于2009年6月1日起正式施行。

2. 主要内容

《中华人民共和国食品安全法》（以下简称《食品安全法》）共有10章，104条，包括食品安全风险监测和评估、食品安全标准、食品生产经营、食品检验、食品安全事故处置、监督管理和法律责任等。

食品生产和加工，食品流通和餐饮服务，食品添加剂的生产经营，用于食品的包装材料、容器、洗涤剂、消毒剂，用于食品生产经营的工具和设备的生产经营，食品生产经营者使用食品添加剂、食品相关产品以及对食品、食品添加剂和食品相关产品的安全管理都应遵守《食品安全法》。

国务院设立食品安全委员会，其工作职责由国务院规定。国务院卫生行政部门承担食品安全综合协调职责，负责食品安全风险评估、食品安全标准制定、食品安全信息公布、食品检验机构的资质认定条件和检验规范的制定，组织查处食品安全重大事故。国务院质量监督、工商行政管理和国家食品药品监督管理部门依照本法和国务院规定的职责，分别对食品生产、食品流通、餐饮服务活动实施监督管理。

二、食品安全标准和食品生产经营

1. 食品安全标准应包括的内容

食品安全标准是强制执行的标准。食品安全国家标准由国务院卫生行政部门负责制定、公布，国务院标准化行政部门提供国家标准编号。食品安全标准供公众免费查阅。

食品安全标准应当包括下列内容：

(1) 食品、食品相关产品中的致病性微生物、农药残留、兽药残留、重金属、污染物质以及其他危害人体健康物质的限量规定。

(2) 食品添加剂的品种、使用范围、用量。

(3) 专供婴幼儿和其他特定人群的主辅食品的营养成分要求。

(4) 对与食品安全、营养有关的标签、标识、说明书的要求。

(5) 食品生产经营过程的卫生要求。

(6) 与食品安全有关的质量要求。

(7) 食品检验方法与规程。

(8) 其他需要制定为食品安全标准的内容。

2. 食品生产经营应符合的要求

(1) 具有与生产经营的食品品种、数量相适应的食品原料处理和食品加工、包装、储存等场所，保持该场所环境整洁，并与有毒、有害场所以及其他污染源保持规定的距离。

(2) 具有与生产经营的食品品种、数量相适应的生产经营设备或者设施，有相应的消毒、更衣、盥洗、采光、照明、通风、防腐、防尘、防蝇、防鼠、防虫、洗涤以及处理废水、存放垃圾和废弃物的设备或者设施。

(3) 有食品安全专业技术人员、管理人员和保证食品安全的规章制度。

(4) 具有合理的设备布局和工艺流程，防止待加工食品与直接入口食品、原料与成品交叉污染，避免食品接触有毒物、不洁物。

(5) 餐具、饮具和盛放直接入口食品的容器，使用前应当洗净、消毒，炊具、用具用后应当洗净，保持清洁。

(6) 储存、运输和装卸食品的容器、工具和设备应当安全、无害，保持清洁，防止食品污染，并符合保证食品安全所需的温度等特殊要求，不得将食品与有毒、有害物品一同运输。

(7) 直接入口的食品应当有小包装或者使用无毒、清洁的包装材料、餐具。

(8) 食品生产经营人员应当保持个人卫生，生产经营食品时，应当将手洗净，穿戴清洁的工作衣、帽；销售无包装的直接入口食品时，应当使用无毒、清洁的售货工具。

(9) 用水应当符合国家规定的生活饮用水卫生标准。

(10) 使用的洗涤剂、消毒剂应当对人体安全、无害。

(11) 法律、法规规定的其他要求。

国家对食品生产经营实行许可制度。从事食品生产、食品流通、餐饮服务，应当依法取得食品生产许可、食品流通许可、餐饮服务许可。

3. 禁止生产经营的食品

（1）用非食品原料生产的食品或者添加食品添加剂以外的化学物质和其他可能危害人体健康物质的食品，或者用回收食品作为原料生产的食品。

（2）致病性微生物、农药残留、兽药残留、重金属、污染物质以及其他危害人体健康的物质含量超过食品安全标准限量的食品。

（3）营养成分不符合食品安全标准的专供婴幼儿和其他特定人群的主辅食品。

（4）腐败变质、油脂酸败、霉变生虫、污秽不洁、混有异物、掺假掺杂或者感官性状异常的食品。

（5）病死、毒死或者死因不明的禽、畜、兽、水产动物肉类及其制品。

（6）未经动物卫生监督机构检疫或者检疫不合格的肉类或者未经检验或者检验不合格的肉类制品。

（7）被包装材料、容器、运输工具等污染的食品。

（8）超过保质期的食品。

（9）无标签的预包装食品。

（10）国家为防病等特殊需要明令禁止生产经营的食品。

（11）其他不符合食品安全标准或者要求的食品。

4. 预包装食品的包装

预包装食品的包装上应当有标签。标签应当标明下列事项：

（1）名称、规格、净含量、生产日期。

（2）成分或者配料表。

（3）生产者的名称、地址、联系方式。

（4）保质期。

（5）产品标准代号。

（6）储存条件。

（7）所使用的食品添加剂在国家标准中的通用名称。

（8）生产许可证编号。

（9）法律、法规或者食品安全标准规定必须标明的其他事项。

专供婴幼儿和其他特定人群的主辅食品，其标签还应当标明主要营养成分及其含量。

三、食品安全事故处置

1. 发生食品安全事故的单位的处置

发生食品安全事故的单位应当立即予以处置,防止事故扩大。事故发生单位和接收病人进行治疗的单位应当及时向事故发生地县级卫生行政部门报告。

农业行政、质量监督、工商行政管理、食品药品监督管理部门在日常监督管理中发现食品安全事故或者接到有关食品安全事故的举报,应当立即向卫生行政部门通报。

发生重大食品安全事故的,接到报告的县级卫生行政部门应当按照规定向本级人民政府和上级人民政府卫生行政部门报告。县级人民政府和上级人民政府卫生行政部门应当按照规定上报。

任何单位或者个人不得对食品安全事故隐瞒、谎报、缓报不得毁灭有关证据。

2. 食品安全事故的处理措施

县级以上卫生行政部门接到食品安全事故的报告后,应当立即会同有关农业行政、质量监督、工商行政管理、食品药品监督管理部门进行调查处理,并采取下列措施,防止或者减轻社会危害:

(1) 开展应急救援工作,对因食品安全事故导致人身伤害的人员,卫生行政部门应当立即组织救治。

(2) 封存可能导致食品安全事故的食品及其原料,并立即进行检验;对确认属于被污染的食品及其原料,责令食品生产经营者依照《食品安全法》第53条的规定予以召回、停止经营并销毁。

(3) 封存被污染的食品用工具及用具,并责令进行清洗消毒。

(4) 做好信息发布工作,依法对食品安全事故及其处理情况进行发布,并对可能产生的危害加以解释、说明。

发生重大食品安全事故的,县级以上人民政府应当立即成立食品安全事故处置指挥机构,启动应急预案,依照前款规定进行处置。

四、法律责任

1. 未经许可从事食品、食品添加剂生产经营的法律责任

违反《食品安全法》规定,未经许可从事食品生产经营活动或者未经许可生产食品添加剂的,由有关主管部门按照各自职责分工,没收违法所得、违法生产经营的食品、食品添加剂和用于违法生产经营的工具、设备、原料等物品;违法生产经

营的食品、食品添加剂货值金额不足1万元的,并处2 000元以上5万元以下罚款;货值金额1万元以上的,并处货值金额5倍以上10倍以下罚款。

2. 生产经营禁止食品、未经安全性评估新食品以及拒不召回或停止经营的法律责任

违反《食品安全法》规定,当有生产经营禁止食品、未经安全性评估新食品以及拒不召回或停止经营的情形之一时,由有关主管部门按照各自职责分工,没收违法所得、违法生产经营的食品和用于违法生产经营的工具、设备、原料等物品;违法生产经营的食品货值金额不足1万元的,并处2 000元以上5万元以下罚款;货值金额1万元以上的,并处货值金额5倍以上10倍以下罚款;情节严重的,吊销许可证。

3. 经营被污染食品、无标签食品、不符标准食品、食品中添加药品等违法行为的法律责任

违反《食品安全法》规定,当有经营被污染食品、无标签食品、不符标准食品、食品中添加药品等违法行为之一时,由有关主管部门按照各自职责分工,没收违法所得、违法生产经营的食品和用于违法生产经营的工具、设备、原料等物品;违法生产经营的食品货值金额不足1万元的,并处2 000元以上5万元以下罚款;货值金额1万元以上的,并处货值金额2倍以上5倍以下罚款;情节严重的,责令停产停业,直至吊销许可证。

4. 产品未检验、标准未备案、进货未查验、信息未记录、储存销售不符要求、标签违法宣传、违反健康管理的法律责任

违反《食品安全法》规定,有下列情形之一的,由有关主管部门按照各自职责分工,责令改正,给予警告;拒不改正的,处2 000元以上2万元以下罚款;情节严重的,责令停产停业,直至吊销许可证:

(1)未对采购的食品原料和生产的食品、食品添加剂、食品相关产品进行检验。

(2)未建立并遵守查验记录制度、出厂检验记录制度。

(3)制定食品安全企业标准未依照《食品安全法》规定备案。

(4)未按规定要求储存、销售食品或者清理库存食品。

(5)进货时未查验许可证和相关证明文件。

(6)生产的食品、食品添加剂的标签、说明书涉及疾病预防、治疗功能。

(7)安排患有《食品安全法》第34条所列疾病的人员从事接触直接入口食品的工作。

5. 事故单位未按要求处置食品安全事故的法律责任

违反《食品安全法》规定，事故单位在发生食品安全事故后未进行处置、报告的，由有关主管部门按照各自职责分工，责令改正，给予警告；毁灭有关证据的，责令停产停业，并处 2 000 元以上 10 万元以下罚款；造成严重后果的，由原发证部门吊销许可证。

参考文献

1 刘国云著. 烹饪基础知识. 北京：中国劳动社会保障出版社，2001
2 许荣华主编. 烹饪基础营养. 北京：清华大学出版社，2009.6
3 王美主编. 厨房管理实务. 北京：清华大学出版社，2010.3